中天实训教程

综合过程控制

编审委员会

主　任　吴立国

副主任　张　勇　刘玉亮

委　员　王　健　贺琼义　董焕和　缪　亮　赵　楠
　　　　刘桂平　甄文祥　钟　平　朱东彬　卢胜利
　　　　陈晓曦　徐洪义　张　娟

本书编写人员

主　编　赵爱清

副主编　李会艳

编　者　车艳秋　张永立　韩春晓　秦迎梅　裴　宁
　　　　冯艳莉

审　稿　卢胜利

中国劳动社会保障出版社

图书在版编目（CIP）数据

综合过程控制／赵爱清主编. -- 北京：中国劳动社会保障出版社，2019

中天实训教程

ISBN 978-7-5167-4177-1

Ⅰ.①综… Ⅱ.①赵… Ⅲ.①过程控制-教材 Ⅳ.①TP273

中国版本图书馆 CIP 数据核字（2019）第 219520 号

中国劳动社会保障出版社出版发行

（北京市惠新东街 1 号 邮政编码：100029）

*

北京市艺辉印刷有限公司印刷装订 新华书店经销

787 毫米×1092 毫米 16 开本 12.75 印张 232 千字

2019 年 10 月第 1 版 2019 年 10 月第 1 次印刷

定价：36.00 元

读者服务部电话：（010）64929211/84209101/64921644

营销中心电话：（010）64962347

出版社网址：http://www.class.com.cn

内容简介

本书根据中天实训中心现代控制领域的 A3000 综合过程控制实训设备，设计了过程控制四个层次的实训项目。项目一是 A3000 综合过程控制实训装置的认识和使用，这是基本概念和基础技能方面的实训，通过五个任务熟悉 A3000 综合过程控制实训设备的组成，掌握组态王组态软件的使用，训练 ADAM4000 DDC 控制系统、XMA5000 智能仪表控制系统、S7-300 PLC 控制系统三种不同控制器的使用方法，为后面的实验提供基础。项目二是过程动态特性及建模实验，通过四个任务掌握 A3000 过程控制系统中液位、温度、滞后对象的动态特性和建模过程。项目三是简单控制系统设计，这是过程控制工程应用能力的实训，通过四个任务掌握简单控制系统的设计与调试。项目四是复杂控制系统设计，这是过程控制提高篇的实训，通过四个任务掌握串级控制、前馈—反馈控制、解耦控制。

本书根据编者多年的教学经验和工程经验编写，注重理论与技能的结合，注重技能的实训规律，注重实训与工程的结合，在实验内容的安排上由简单到复杂，循序渐进，兼顾不同基础水平的实训人员，可作为各高等院校电气类、自动化类、仪器仪表类相关专业的实训教材，也可供自动化工程技术人员培训使用。

本书由赵爱清主编。赵爱清、李会艳负责项目一、项目三的编写，车艳秋、张永立和韩春晓负责项目二的编写，秦迎梅、裴宁和冯艳莉负责项目四的编写。卢胜利负责全书的审稿工作。

本书在编写过程中得到了北京华晟高科教学仪器有限公司及很多同行的热情帮助和积极反馈，吸取了很多宝贵的建议，在此表示感谢。

编　者

前　言

为加快推进职业教育现代化与职业教育体系建设，全面提高职业教育质量，更好地满足中国（天津）职业技能公共实训中心的高端实训设备及新技能教学需要，天津海河教育园区管委会与中国（天津）职业技能公共实训中心共同组织，邀请多所职业院校教师和企业技术人员编写了"中天实训教程"丛书。

丛书编写遵循"以应用为本，以够用为度"的原则，以国家相关标准为指导，以企业需求为导向，以职业能力培养为核心，注重应用型人才的专业技能培养与实用技术培训。丛书具有以下特点：

以任务驱动为引领，贯彻项目教学。将理论知识与操作技能融合设计在教学任务中，充分体现"理实一体化"与"做中学"的教学理念。

以实例操作为主，突出应用技术。实例充分挖掘公共实训中心高端实训设备的特性、功能以及当前的新技术、新工艺与新方法，充分结合企业实际应用，并在教学实践中不断修改与完善。

以技能训练为重，适于实训教学。根据教学需要，每门课程均设置丰富的实训项目，在介绍必备理论知识的基础上，突出技能操作，严格实训程序，有利于技能养成和固化。

丛书在编写过程中得到了天津市职业技能培训研究室的积极指导，同时也得到了河北工业大学、天津职业技术师范大学、天津中德应用技术大学、天津机电工艺学院、天津轻工职业学院以及海克斯康测量技术（青岛）有限公司、ABB（中国）有限公司、天津领智科技有限公司、天津市翰本科技有限公司的大力支持与帮助，在此一并致以诚挚的谢意。

由于编者水平有限，经验不足，时间仓促，书中的疏漏在所难免，衷心希望广大读者与专家提出宝贵意见和建议。

编审委员会

目　录

项目一

A3000 综合过程控制实训装置的认识和使用

任务一　A3000 综合过程控制实训系统组成

任务目标

1. 了解实训装置的结构和组成。

2. 了解信号的传输方式和路径。

3. 掌握实训装置的基本操作。

实训设备

A3000 综合过程控制设备。

相关知识

1. 总体结构

A3000 综合过程控制实训系统由操作台、操作计算机、控制机柜、现场系统四部分组成，如图 1—1 所示。

A3000 现场系统（A3000 - FS）包括三个水箱、一个锅炉、一个强制换热器、两个水泵、两个流量计、一个电动调节阀以及加热管、储水箱

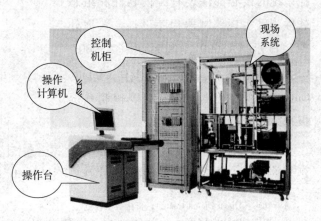

图 1—1　A3000 综合过程控制实训系统

等，如图 1—2 所示。

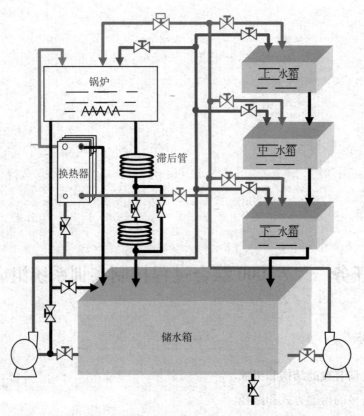

图 1—2　现场系统的结构

A3000 综合过程控制实训系统总体逻辑结构如图 1—3 所示。计算机作为监控系统的核心部件装有编程软件和组态软件，可实现控制器程序设计、数据处理和显示。A3000 控制系统（A3000 - CS）包括传感器、执行器、I/O（Input/Output，输入/输出）连接板、控制系统板和第三方控制系统接口板。

A3000 综合过程控制实训系统的工艺流程图如图1—4所示，包括双管路流量

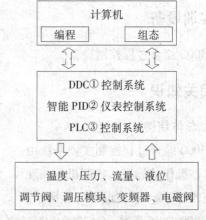

图 1—3　A3000 综合过程控制实训系统总体逻辑结构

① DDC：Direct Digital Control，直接数字控制。
② PID：Proportion Integration Differentiation，比例积分微分。
③ PLC：Programmable Logic Controller，可编程逻辑控制器。

系统、三容水箱液位控制系统、锅炉纯滞后温度控制系统、工业换热器等多个对象系统。总体的测点清单见表 1—1。

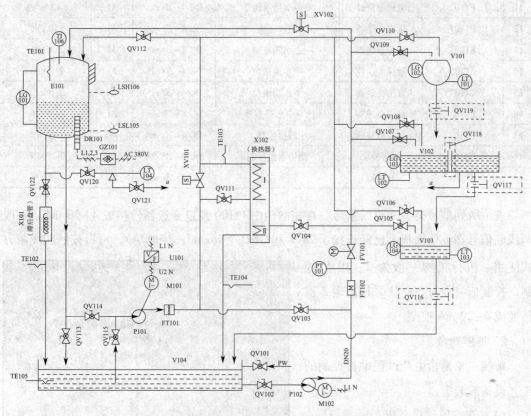

图 1—4　A3000 综合过程控制实训系统的工艺流程图

表 1—1　　　　　　　　　　　　　　整体流程测点清单

序号	位号或代号	设备名称	用途	原始信号类型		工程量
1	TE101	热电阻	锅炉水温	Pt100	AI	0～100℃
2	TE102	热电阻	锅炉回水温度	Pt100	AI	0～100℃
3	TE103	热电阻	换热器热水出口水温	Pt100	AI	0～100℃
4	TE104	热电阻	换热器冷水出口水温	Pt100	AI	0～100℃
5	TE105	热电阻	储水箱水温	Pt100	AI	0～100℃
6	LSL105	液位开关	锅炉液位低限	干接点	DI	NC
7	LSH106	液位开关	锅炉液位高限	干接点	DI	NC
8	XV101	电磁阀	支路1给水切断	光电隔离	DO	NC
9	XV102	电磁阀	支路2给水切断	光电隔离	DO	NC
10	FT101	涡轮流量计	支路1给水流量	DC 4～20 mA	AI	0～3 m³/h

续表

序号	位号或代号	设备名称	用途	原始信号类型		工程量
11	FT102	电磁流量计	支路2给水流量	DC 4~20 mA	AI	0~3 m³/h
12	PT101	压力变送器	给水压力	DC 4~20 mA	AI	150 kPa
13	LT101	液位变送器	上水箱液位	DC 4~20 mA	AI	2.5 kPa
14	LT102	液位变送器	中水箱液位	DC 4~20 mA	AI	2.5 kPa
15	LT103	液位变送器	下水箱液位	DC 4~20 mA	AI	2.5 kPa
16	LT104	液位变送器	锅炉/中水箱右液位	DC 4~20 mA	AI	0~5 kPa
17	FV101	电动调节阀	阀位控制	DC 4~20 mA	AO	0~100%
18	GZ101	调压模块	锅炉水温控制	DC 4~20 mA	AO	0~100%
19	U101	变频器	频率控制	DC 4~20 mA	AO	0~100%

表中所列信号类型为原始信号。在控制柜中 Pt100 经过变送器转换成 4~20 mA。一般两线制信号在 I/O 面板上已经连接了 24 V 和 GND（Ground，接地端），可以按照四线制方式使用。执行机构一般为 2~10 V 控制，控制信号经过 500 Ω 采样电阻，被转换成 4~20 mA 控制。

2. 被控对象

被控对象是指生产过程中被控制的工艺设备或装置。

（1）双支路流量系统

如图 1—5 所示，A3000 现场系统包括两个独立的水路动力系统，即支路 1 和支路 2。支路 1 由 1 号水泵、涡轮流量计、电动调节阀组成；支路 2 由 2 号水泵、电磁流量计组成。1 号水泵由变频器驱动。在双支路流量系统中可以完成单回路流量控制、流量比值控制等实验。

（2）三容水箱液位系统

1）三容水箱液位系统的组成。A3000 系统提供一组有机玻璃三容水箱。上水箱位于框架右上方，模拟一个

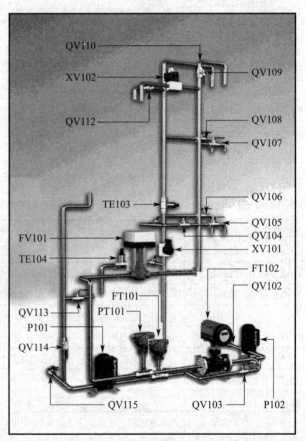

图 1—5 双支路流量系统

工业上常见的卧式圆罐。水平方向的截面积在各高度不同,中间最大,两端最小,具有典型的非线性特性。上水箱透视图如图 1—6 所示。

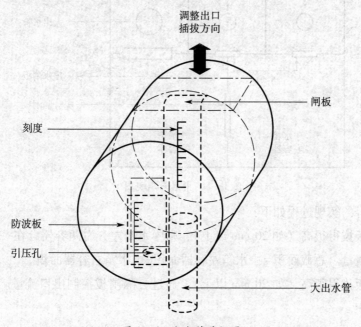

图 1—6 上水箱透视图

中水箱是一个结构复杂的容器,提供变容结构以及水平多容结构。中水箱透视图如图 1—7 所示。

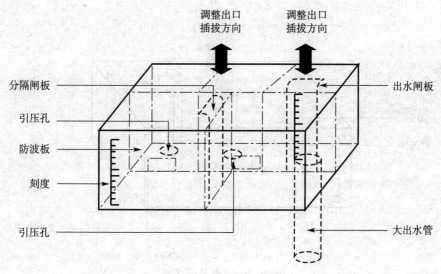

图 1—7 中水箱透视图

中水箱顶视图如图 1—8 所示。

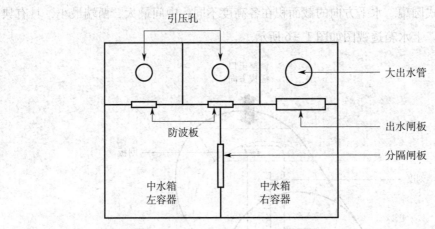

图 1—8　中水箱顶视图

中水箱变容的实现过程如下：

①分隔闸板拔得很高（如 20 mm 以上），则中水箱左、右两容器合在一起，通过出水闸板控制出口流量。总截面积＝中水箱左容器面积＋中水箱右容器面积。

②出水闸板拔得很高（如 20 mm 以上），通过分隔闸板控制出口流量。总截面积＝中水箱右容器面积。

分隔闸板作为左、右两容器的导通流量控制，出水闸板控制右容器出口流量。

下水箱可以更换不同形状的出水闸板，从而改变系统特性；还可放入一个斜体，从而模拟倒锥形工业容器。下水箱透视图如图 1—9 所示。

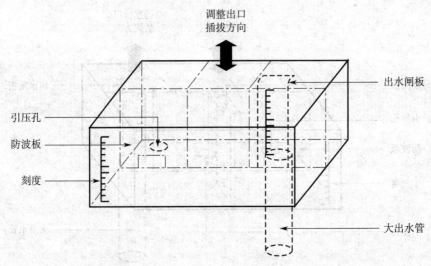

图 1—9　下水箱透视图

下水箱顶视图如图 1—10 所示。

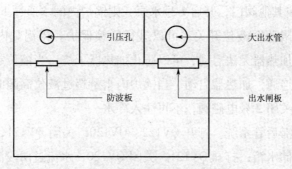

图 1—10 下水箱顶视图

2）三容水箱液位系统的功用。每个水箱装有液位变送器，用来测量水箱的液位，通过阀门切换，两组动力的水流都可以达到任何一个水箱，因此可以完成多种形式的液位、流量及其组合实验，具体如下：

①单容对象特性实验。

②双容对象特性实验。

③单回路液位控制系统实验。

④不同干扰方式下液位控制实验。

⑤串级控制实验。

⑥前馈—反馈控制实验。

（3）锅炉系统

A3000 系统装有一个常压电加热锅炉，如图 1—11 所示。

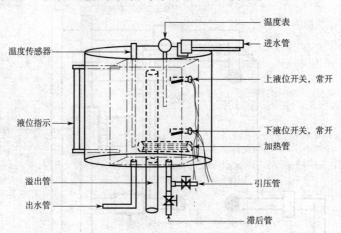

图 1—11 常压电加热锅炉

动力水流支路 1 可以与锅炉形成循环水，做温度控制实验。为了保证加热均匀，应该使用动态水，A3000 系统设计了一个水循环回路来达到此目的。打开 QV115、QV114、

QV112、XV101，关闭其他阀门，开启 1 号水泵，则锅炉内的水通过 1 号水泵循环起来。

锅炉内有高、低限两个液位开关，可以进行联锁保护。当锅炉内液位低于低限液位时，液位开关打开，加热器无法启动，可以防止加热器干烧；当液位超过低限时，液位开关合上，加热器信号连通，加热器启动。当锅炉内水量超过液位高限时，高限液位开关闭合，通过联锁控制，关闭 2 号电磁阀，不再注入冷水。

锅炉底部连接有滞后管系统。打开 QV122、QV120，关闭 QV121，锅炉内的水只流过第一段滞后管，进入储水箱；打开 QV121，关闭 QV120，水流过两段滞后管，即增加了滞后时间。在滞后管出口装有一个温度传感器，可以做温度滞后实验。

锅炉装有 Pt100 热电阻，用来检测温度，由晶闸管控制电加热管可调热源，系统可以完成以下多种温度实验：

1）锅炉特性实验。

2）含有纯滞后环节的对象特性实验。

3）单回路温度控制实验。

4）纯滞后温度控制实验。

（4）换热器系统

A3000 系统包括一个换热器系统，如图 1—12 所示。该系统采用工业高效板式换热器，具有一个冷水入口、一个冷水出口、一个热水入口、一个热水出口（热水和冷水的位置可以互换，但是出口和入口不能互换），可以实现换热器温度串级实验及换热器解耦控制实验。

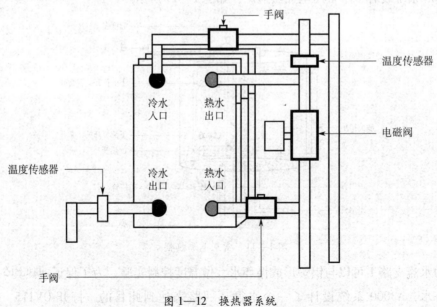

图 1—12　换热器系统

3. 检测变送装置

检测变送器对变量进行检测并将其变换成标准信号。

这里主要介绍温度检测装置、流量检测装置和压力检测装置。

（1）温度检测装置

A3000 系统的温度检测装置由温度传感器和温度变送器两部分构成。温度传感器用来检测温度，对应不同的温度输出不同的电阻值；温度变送器将电阻值变换为标准信号后送入控制系统。

A3000 系统所采用的三线制 Pt100 温度传感器的外形如图 1—13 所示。

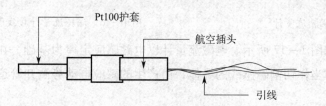

图 1—13　Pt100 温度传感器

A3000 系统所采用的温度变送器为二线制，24 V 直流供电，其接线图如图 1—14 所示。

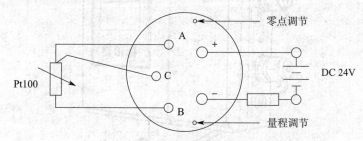

图 1—14　温度变送器接线图

A3000 系统的温度传感器为 Pt100 热电阻，量程为 0~100℃；温度变送器的输出信号为 4~20 mA 电流信号。

（2）流量检测装置

流量测量计种类很多，常用的有涡轮流量计、电磁流量计、涡街流量计、超声波流量计、金属浮子流量计、差压式节流流量计等。A3000 使用了涡轮流量计和电磁流量计，这两种流量计应用最为广泛。

涡轮流量计管道里有一个叶轮随着液体的流动而转动，通过霍尔效应产生脉冲，然后进行 F/I（频率/电流）转换，变为 4~20 mA 信号。涡轮流量计如图 1—15 所示，其接线图如图 1—16 所示。

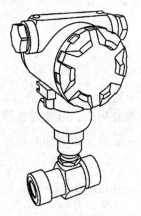

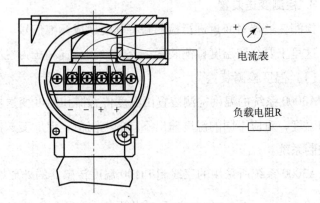

图 1—15　涡轮流量计　　　　　　　　　图 1—16　涡轮流量计接线图

电磁流量计如图 1—17 所示。电磁流量计以电磁感应定律为基础，在管道两侧安放磁铁，以流动的液体当作切割磁感线的导体，由产生的感应电动势测知管道内液体的流速和流量。

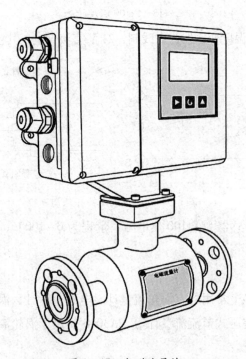

图 1—17　电磁流量计

电磁流量计采用四线制接法（见图 1—18），工作电压为 AC 220 V，输出电流为 4~20 mA。电磁流量计的优点是压损极小，可测流量范围大，最大流量与最小流量的比值一般为 20∶1 以上；适用的工业管径范围宽，最大可达 3 m；输出信号和被测流量呈线性，精确度较高；可显示瞬时流量和累积流量值。注意：电磁流量计在投入使用时不要在没有水的情况下加电，加电几分钟后才能获得准确的数值。

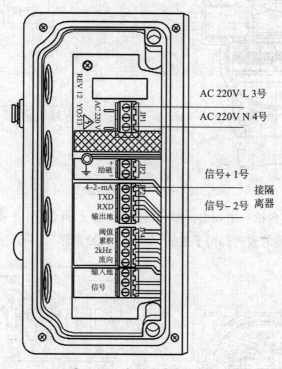

图 1—18　电磁流量计接线图

（3）压力检测装置

A3000 系统液位和压力的检测仪表采用扩散硅压力/液位变送器，也可以选择电容式或应变电阻式。压力变送器如图 1—19 所示。

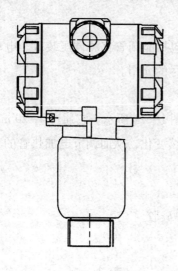

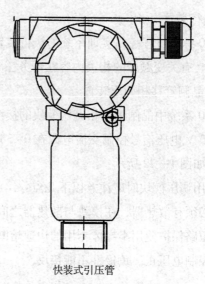

快装式引压管

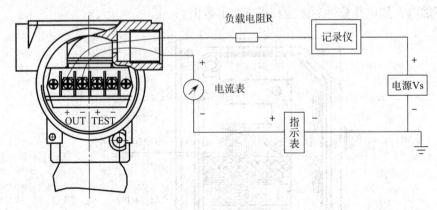

图1—19　压力变送器

压力/液位变送器包括一个表头，两边都有盖子。打开盖子，一侧的表内部可以调节零点或满量程，另一侧的表内部用于接线，如图1—20所示。

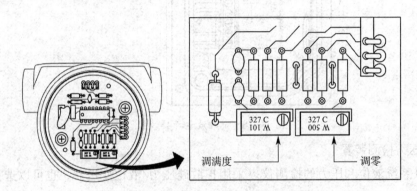

图1—20　压力变送器零点和量程调节

4．执行装置

A3000综合过程控制实训系统的执行装置主要包括晶闸管移相调压装置、电动调节阀和变频器。有关变频器的相关内容在任务三有更详尽的介绍。

（1）晶闸管移相调压装置

A3000系统中晶闸管移相调压模块的接线图如图1—21所示。它通过4~20 mA电流信号或0~10 V电压信号控制交流电源在0~380 V连续变化，从而调节电加热管的功率。其工作原理如图1—22所示。

在使用调压模块时应注意以下几点：

1）必须有散热器，在模块与散热器之间涂导热硅胶。

2）短路保护使用半导体专用的快速熔断器。

3）控制电压正、负极性不能接反。

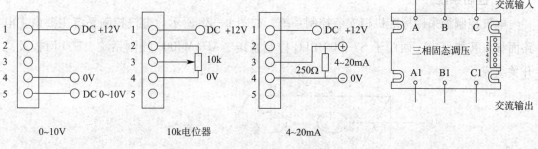

图1—21　调压模块接线图

4）阻性负载模块电流为负载电流的 2 倍以上，感性负载模块电流为负载电流的 3 倍以上。

（2）电动调节阀

电动调节阀通过改变管路的流通面积来改变通过的流量，由电动执行机构和调节阀两部分组成。调节阀部分主要由阀杆、阀体、阀芯及阀座等部件组成。当阀芯在阀体内上下移动时，可改变阀芯与阀座之间的流通面积。A3000 系统中的电动调节阀如图1—23 所示。

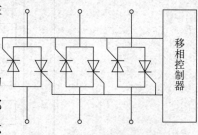

图1—22　调压模块原理图

（3）变频器

A3000 系统有两套管路系统，支路 2 由工频电压供电的水泵与电动调节阀组合的方式实现流量调节，支路 1 采用变频器控制水泵的转速变化实现流量的调节。变频器为西门子 MM420 小型变频器，其外形如图1—24 所示。

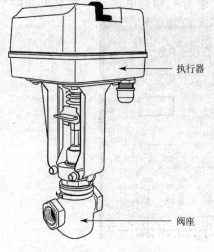

图1—23　电动调节阀

图1—24　西门子 MM420 变频器

5. 控制系统

电气控制柜采用标准机柜安装控制系统，如图1—25所示。电气控制系统主要由主电路面板、智能仪表、西门子 S7-300 PLC 控制系统、ADAM4000 控制系统、I/O 面板及总开关组成。

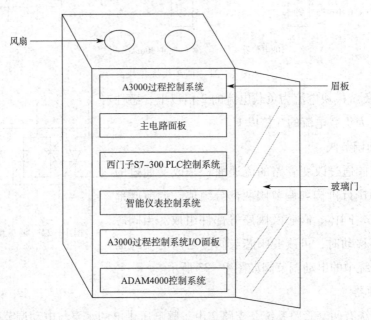

图1—25　控制机柜

（1）主电路面板

在电气控制柜上面安装主电路的器件，主要包括电源开关、指示灯和控制开关三部分。如图1—26所示，在控制柜的最上端分别安装有三相总电源和单相总电源两个断路

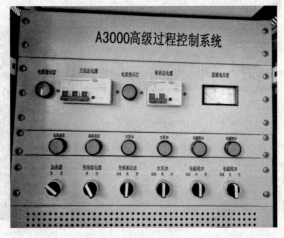

图1—26　主电路面板

器，并且有相应的电源指示灯对其是否上电进行显示。在断路器右侧有一个直流电压表，用于检测设备的直流电压。在电源断路器下方，从左往右依次是低限液位、高限液位、1号水泵、2号水泵、1号电磁阀和2号电磁阀六个红色指示灯，分别对相应功能的响应状态进行报警提示。在指示灯下方，从左往右依次是加热器开关、变频器电源开关、变频器启动开关、2号水泵开关、1号电磁阀开关和2号电磁阀开关六个旋转开关，需要注意的是，这六个旋转开关中加热器开关和变频器电源开关只有"开"和"关"两种状态，而其他旋转开关有"自动""开"和"关"三种状态。

（2）西门子S7-300 PLC控制系统

西门子S7-300为标准模块式结构化PLC，其标准型硬件结构由电源单元（PS）、中央处理单元（CPU）、接口模板（IM）、信号模板（SM）、功能模板（FM）、通信模板（CP）等模块组成，各模块相互独立，并安装在固定的机架（导轨）上，如图1—27所示。

图1—27　西门子S7-300 PLC控制系统

（3）智能仪表

A3000综合过程控制实验系统的控制器主要有福光百特智能仪表、西门子S7-300 PLC和ADAM4000控制系统。XMA5000福光百特智能仪表带有PID运算功能，适用于温度、压力、液位、流量等各种控制，支持标准信号输入和输出（0～20 mA、4～20 mA、0～5 V、1～5 V），支持RS485、RS232、Modbus通信协议，其实物如图1—28所示。

（4）A3000高级过程控制实验系统I/O面板

控制机柜面板中的A3000高级过程控制实验系统I/O面板包含控制和输出I/O接口、温度传感器I/O接口、液位和压力I/O接口、流量计I/O接口、数字量I/O接口和信号切换面板，如图1—29所示。

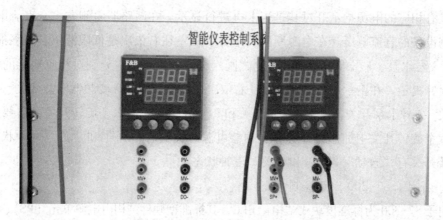

图1—28　XMA5000福光百特智能仪表

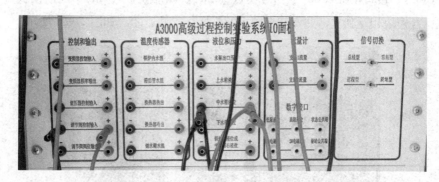

图1—29　A3000高级过程控制实验系统I/O面板

（5）ADAM4000控制系统

ADAM4000系列远程DA&C系统已被广泛应用于各种工业现场。ADAM4000系列提供通信和I/O两类产品。通信模块提供各种接口，包括以太网、串行、光纤和无线端口等；I/O模块在主机PC与现场信号之间提供完整的信号调理和通信解决方案，如模拟量I/O、数字量I/O和计数器等。

AS3020子系统包括研华的ADAM4017、ADAM4024、ADAM4050三个I/O模块。该系统由24V直流电驱动，通过RS485转换网络的网关ADAM4571/4570到以太网，再将数据传到上位机。ADAM4000控制系统外观如图1—30所示。

6.上位机

上位机是指可以直接发出操控命令的计算机，一般是PC，可以在屏幕上显示各种信号（如液压、液位、温度信号等）变化。上位机不同于下位机，下位机是直接控制设备获取设备状况的计算机，一般为PLC或单片机。上位机发出的命令首先给下位机，下位机再根据此命令解释成相应时序信号直接控制相应的设备。下位机不断地读取设备状态数据并将其转换成数字信号反馈给上位机。本书中采用组态王软件作为上位机软件，如果读者擅

图 1—30　ADAM4000 控制系统

长使用其他上位机软件，同样可以完成本书所有的实训任务。

任务要求

1. 了解整个现场系统的结构。

2. 学会进行液位实验时整个系统的操作。

3. 学会进行温度实验时整个系统的操作。

任务实施

1. 设备组装与检查

（1）将 A3000-FS 现场系统的大储水箱灌满水（至最高高度）。

（2）打开 1 号电磁阀和阀门 QV115、QV103、QV106，其他阀门关闭（特别是 QV114 要关闭）。左边水泵和涡轮流量计组成的动力支路连通至下水箱。

2. 启动实训装置

（1）将实训装置电源插头接单相交流电源。

（2）打开现场系统电源漏电保护空气开关。打开 1 号电磁阀，此时 1 号电磁阀已经动作；否则应检查线路。

（3）打开控制机柜电源漏电保护空气开关，指示灯亮起。

3. 打开水泵，看整个液位实验回路工作是否正常。

4. 关闭水泵，打开 1 号电磁阀和阀门 QV115、QV112，其他阀门关闭（特别是 QV106 和 QV113 要关闭）。左边水泵和涡轮流量计组成的动力支路连通至锅炉。

5. 打开水泵，开始向锅炉注水。观察联锁指示灯何时亮起，此时表示水已经超过加热管高度；再上升一定高度后关闭水泵。

6. 关闭阀门 QV115，打开阀门 QV114，开启水泵，从而形成循环水，观察温度表的变化。

7. 实验结束后，关闭阀门 QV114，打开阀门 QV115，关闭水泵；关闭全部设备电源，拆下实验连接线。

8. 熟悉 A3000 综合过程控制实训装置，按照实物填写表 1—2 中各器件及其用途、信号类型、量程、生产厂家信息。

表 1—2　　　　　　　　　　　　　A3000 设备部件清单

序号	位号	设备名称	用途	信号类型		量程	生产厂家
1	TE101	热电阻	锅炉水温	Pt100	AI	0~100℃	
2	TE102	热电阻	锅炉回水温度				
3	TE103	热电阻	换热器热水出口水温				
4	TE104	热电阻	换热器冷水出口水温				
5	TE105	热电阻	储水箱水温				
6	LSL105	液位开关	锅炉液位低限	触点	DI	NC	
7	LSH106	液位开关	锅炉液位高限				
8	XV101	电磁阀	给水紧急切断 I				
9	XV102	电磁阀	给水紧急切断 II				
10	FT101		给水流量 I	DC 4~20 mA		0~3 m³/h	
11	FT102		给水流量 II				
12	PT101		给水压力				
13	LT101		上水箱液位				
14	LT102		中水箱液位				
15	LT103		下水箱液位				
16	LT104		中水箱右液位				
17	FV101		阀位控制				
18	GZ101		锅炉水温控制				

任务总结

根据表 1—3 完成任务报告。

表 1—3   任务报告

任务					
姓名		单位		日期	
理论知识					
实训过程					
实训总结					
实训评价	实训准备工作	提前进入工位，准备好资料和工具；爱护实训环境和实训设备，保持环境整洁		20 分	
	实训项目实施	掌握实训任务的理论知识，在规定的时间内完成实训任务；工作步骤清晰；能解决在实训过程中出现的问题；在实训过程中能很好地进行团队合作		60 分	
	实训总结	叙述理论基础，总结实训步骤，记录实训结果，对实训进行总结		20 分	
				总成绩	
				实训教师	

任务二　组态软件的认识及工程创建

任务目标

1. 了解组态王软件。
2. 掌握组态王软件的工程开发过程。

实训设备

A3000-FS 常规现场系统，任意控制系统。

相关知识

1. 组态软件的功能

组态软件是自动控制系统中监控层的软件开发平台和开发环境，为用户提供类似"搭积木"程序开发方式，快速构建数据采集和过程控制系统。组态软件具有以下几方面的功能：

（1）良好的开放性

能与多种协议互联，支持多种硬件设备。

（2）强大的界面显示功能

具有丰富的作图工具、设备图符、仪表图符、动画连接方式（如闪烁、移动、隐含）等。

（3）丰富的功能模块

组态软件提供丰富的控制功能库，满足用户的测控要求和现场需求，利用各种功能模块完成实时监控，产生功能报表，显示实时曲线、历史曲线，提供报警等功能，使系统具有良好的人机界面，易于操作。

（4）强大的数据库

存储模拟量、离散量等实时数据，实现与外部设备的实时数据交换。

（5）其他功能

可编程的命令语言、周密的安全防范功能及仿真功能。

组态王软件是国内具有自主知识产权、市场占有率较高的组态软件，应用领域几乎囊括了大多数行业的工业控制。组态王软件为系统工程师提供了集成、灵活的开发环境和广泛的功能，能够快速建立、测试和部署自动化应用，连接、传递和记录实时信息。它适用于从单一设备的运营管理和故障诊断，到网络结构分布的监控管理系统的开发。

2. 组态王软件的成员

（1）开发版

有 64 点、128 点、256 点、512 点、1024 点和不限点六种规格，内置编程语言，支持网络功能，内置高速历史库，支持运行环境在线运行 8 h。

（2）运行版

有 64 点、128 点、256 点、512 点、1024 点和不限点六种规格，支持网络功能，可选用通信驱动。

（3）演示版

支持 64 点，内置编程语言，在线运行 2 h，可选用通信驱动程序。

（4）NetView

有 512 点、不限点两种规格，支持网络功能，不可选用通信驱动程序。

（5）For Internet 应用

有 5 户、10 户、20 户、50 户、无限用户五种规格，在普通版本上增加 Internet 远程浏览功能。

3. 组态王软件的组成

组态王软件安装完毕，在系统"开始"菜单"程序"文件的组态王 6.55 文件中生成"组态王 6.55"程序组，如图 1—31 所示。

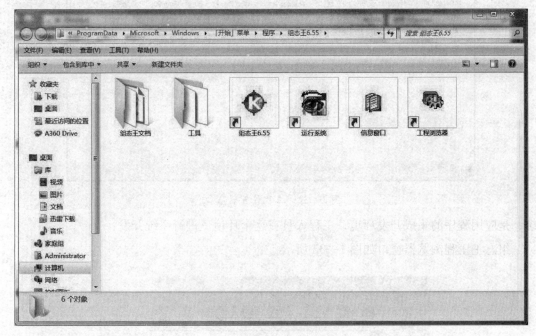

图 1—31　组态王程序组

组态王程序组主要包括两个文件夹和四个快捷方式软件。

（1）工程管理器

组态王 6.55 图标是组态王工程管理器程序的快捷方式。双击"组态王 6.55"快捷方式可以运行工程管理器窗口，如图 1—32 所示。工程管理器的主要功能包括新建工程，删除工程，搜索指定路径下的所有组态王工程，修改工程属性，工程的备份、恢复，数据词典的导入、导出，切换到组态王开发或运行环境。

（2）工程浏览器

工程浏览器是组态王的一个重要组成部分，它将图形画面、命令语言、设备驱动程序、配方、报警、网络等工程元素集中管理，工程人员可以一目了然地查看工程的各组成部分。工程浏览器简便易学，操作界面和 Windows 中的资源管理器非常类似，为工程管理提供了方便、高效的手段。组态王开发系统内嵌于组态王工程浏览器，又称画面开发系

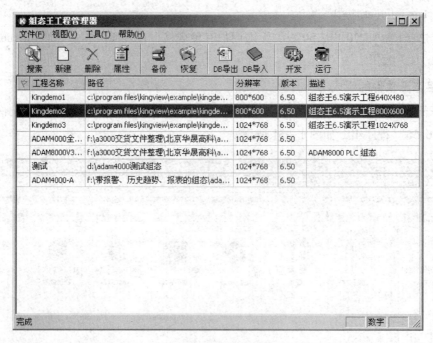

图1—32 工程管理器窗口

统，是应用程序的集成开发环境，工程人员在这个环境里进行系统开发。

组态王工程浏览器窗口如图1—33所示。

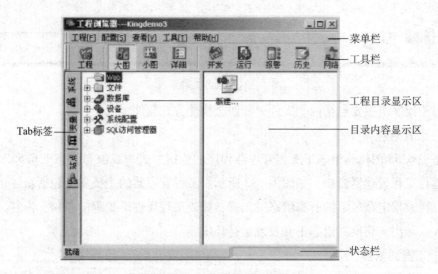

图1—33 工程浏览器窗口

工程浏览器左侧是"工程目录显示区"，主要显示工程的各组成部分。显示区包括"系统""变量"和"站点"三部分，这三部分的切换是通过工程浏览器最左侧的 Tab 标签实现的。

1）"系统"部分共有"Web""文件""数据库""设备""系统配置"和"SQL访问

管理器"六大项。

"Web"为组态王工具，支持 Internet（互联网）上的任何计算机通过 IE（Internet Explorer，网页浏览器）浏览组态完成的工业现场的实时画面及监控各种工业数据。

"文件"主要包括"画面""命令语言""配方"和"非线性表"。其中"命令语言"又包括"应用程序命令语言""数据改变命令语言""事件命令语言""热键命令语言"和"自定义函数命令语言"。

"数据库"主要包括"结构变量""数据词典"和"报警组"。

"设备"主要包括"串口 1（COM1）""串口 2（COM2）""DDE 设备""板卡""OPC 服务器"和"网络站点"。

"系统配置"主要包括"设置开发系统""设置运行系统""报警配置""历史数据记录""网络配置""用户配置"和"打印配置"。

"SQL 访问管理器"主要包括"表格模板"和"记录体"。

2）"变量"部分主要为变量管理，包括变量组。

3）"站点"部分显示定义 ID 远程站点的详细信息。

工程浏览器右侧是"目录内容显示区"，将显示每个工程组成部分的详细内容，同时对工程提供必要的编辑修改功能。

（3）运行系统

设计开发工程的运行界面所图 1—34 所示。在工程浏览器的画面开发系统中设计开发

图 1—34　设计开发工程的运行界面

的画面应用程序只有在运行系统中才能正常运行。

（4）快捷方式

包括信息窗口、帮助、安装工具、组态王文档等快捷方式。

4. 组态王软件的工程创建

要建立新的组态王工程，应先为工程指定工作目录（或称"工程路径"）。"组态王"用工作目录标识工程，不同的工程应置于不同的目录。工作目录下的文件由"组态王"自动管理。

启动"组态王"工程管理器（ProManager），选择菜单"文件"/"新建工程"或单击"新建"按钮，弹出"欢迎使用本向导"窗口，如图1—35所示。

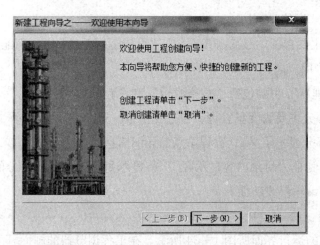

图1—35　"欢迎使用本向导"窗口

单击"下一步"按钮，弹出"新建工程向导之二"窗口，如图1—36所示。

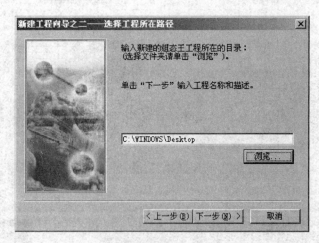

图1—36　"新建工程向导之二"窗口

在工程路径文本框中输入一个有效的工程路径；或单击"浏览"按钮，在弹出的路径选择对话框中选择一个有效的路径。单击"下一步"按钮，弹出"新建工程向导之三"窗口，如图 1—37 所示。

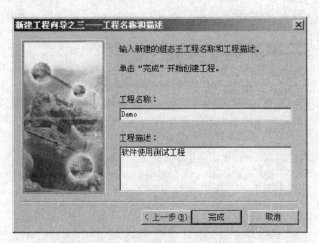

图 1—37 "新建工程向导之三"窗口

在工程名称文本框中输入工程的名称，该工程名称同时将作为当前工程的路径名称。在工程描述文本框中输入对该工程的描述文字。工程名称长度应小于 32 个字节，工程描述长度应小于 40 个字节。单击"完成"按钮，完成工程的新建。系统会弹出对话框，询问用户是否将新建工程设为当前工程。单击"否"按钮，则新建工程不是工程管理器的当前工程，如果要将该工程设为当前工程，还要执行"文件"／"设为当前工程"命令；单击"是"按钮，则将新建的工程设为组态王的当前工程。定义的工程信息会出现在工程管理器的信息表格中。双击该信息条或单击"开发"按钮或选择菜单"工具"／"切换到开发系统"，进入组态王的开发系统。

5. 创建组态画面

进入组态王开发系统后，就可以为每个工程建立数目不限的画面，在每个画面上生成互相关联的静态或动态图形对象。这些画面都是由"组态王"提供的类型丰富的图形对象组成的。系统为用户提供了矩形（圆角矩形）、直线、椭圆（圆）、扇形（圆弧）、点位图、多边形（多边线）、文本等基本图形对象，以及按钮、趋势曲线窗口、报警窗口、报表等复杂图形对象；提供了对图形对象在窗口内任意移动、缩放、改变形状、复制、删除、对齐等编辑操作，全面支持键盘、鼠标绘图，并可提供对图形对象的颜色、线型、填充属性进行改变的操作工具。

"组态王"采用面向对象的编程技术，使用户可以方便地建立画面的图形界面。用户构图时可以像搭积木那样利用系统提供的图形对象完成画面的生成；同时支持画面之间的图形对象拷贝，可重复使用以前的开发结果。

（1）定义新画面

进入新建的组态王工程，选择工程浏览器左侧大纲项"文件"/"画面"，在工程浏览器右侧用鼠标左键双击"新建"图标，弹出"新画面"对话框，如图1—38所示。

图1—38 "新画面"对话框

在"画面名称"处输入新的画面名称，其他属性目前不用更改。单击"确定"按钮，进入内嵌的组态王画面开发系统。

（2）创建图形画面

在组态王开发系统中，从"工具箱"中分别选择"矩形"和"文本"图标，绘制一个矩形对象和一个文本对象，如图1—39所示。在工具箱中选中"圆角矩形"，拖动鼠标在画面上

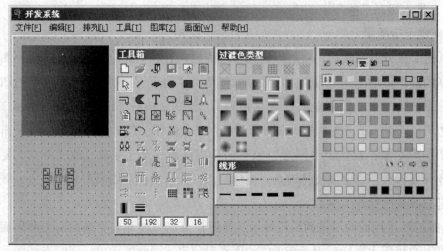

图1—39 创建图形画面

画一矩形。用鼠标在"工具箱"单击"显示画刷类型"和"显示调色板",在弹出的"过渡色类型"窗口单击第二行第四个过渡色类型;在"调色板"窗口单击第一行第二个"填充色"按钮,从下面的色块中选取红色作为填充色,然后单击第一行第三个"背景色"按钮,从下面的色块中选取黑色作为背景色。此时就构造好了一个使用过渡色填充的矩形图形对象。

在"工具箱"中选中"文本",此时光标变成"I"形状,在画面上单击鼠标左键,输入"####"文字。

选择"文件"/"全部存"命令,保存现有画面。

任务要求

参照图 1—40 完成单容液位调节阀 PID 单回路控制实验画面组态。

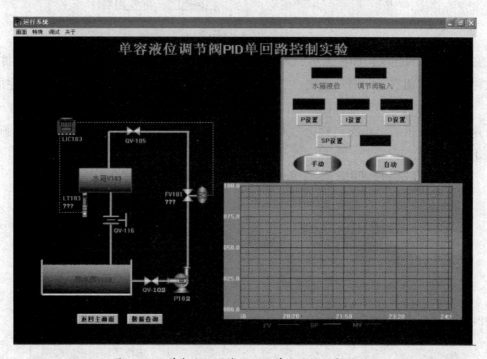

图 1—40 单容液位调节阀 PID 单回路控制实验画面

任务实施

1. 创建组态画面

使用工程管理器新建一个组态王工程后,进入组态王工程浏览器,单击工程浏览器左侧"工程目录显示区"中"文件"/"画面"项,右侧"目录内容显示区"中显示"新建"图标,双击该图标,弹出"画面属性"窗口,如图 1—41 所示。

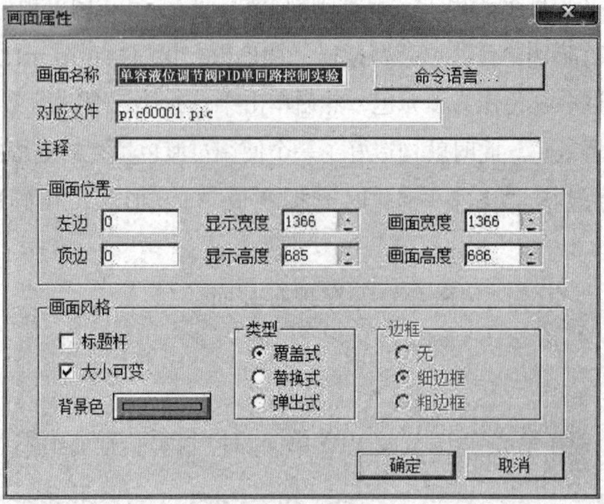

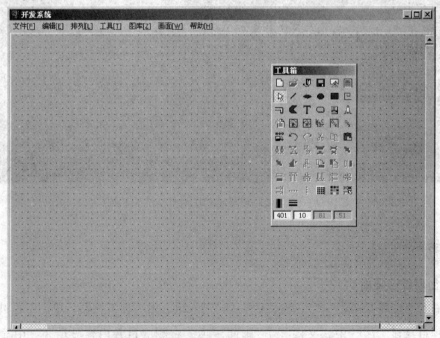

图 1—41　"画面属性"窗口

在对话框中可定义画面的名称、大小、位置、风格以及画面在磁盘上对应的文件名。该文件名可由"组态王"自动生成，工程人员可以根据自己的需要进行修改。输入完成后单击"确定"按钮，使当前操作有效，或单击"取消"按钮放弃当前操作。

这样就建立了一个画面名称为"单容液位调节阀 PID 单回路控制实验"的新画面，如图 1—42 所示。

图 1—42　"单容液位调节阀 PID 单回路控制实验"画面

2. 画面编辑命令

（1）文件菜单常用命令

单击"文件"弹出一个下拉菜单，各命令解释如下：

新建：单击"新建"，可以新建一个画面。

打开：单击"打开"，然后选择一个已经保存的画面，将打开所选的画面进行编辑。打开文件默认的路径是该工程保存的路径。

关闭：单击"关闭"，可以关闭当前画面。

存入：单击"保存"，可以把当前画面保存到硬盘上。

全部存：单击"全部存"，可以把当前所有打开的画面保存到指定的目录下。

删除：单击"删除"，可以把指定的画面从硬盘上删除。

切换到 View：单击"切换到 View"，可以把画面切换到运行监视状态。

切换到 Explorer：单击"切换到 Explorer"，从画面制作系统直接进入工程浏览器。

退出：单击"退出"，将组态王开发系统制作程序最小化并回到工程浏览器。

（2）编辑菜单常用命令

编辑菜单各命令用于对图形对象进行编辑。单击"编辑"，弹出"编辑"下拉菜单，如图 1—43 所示。

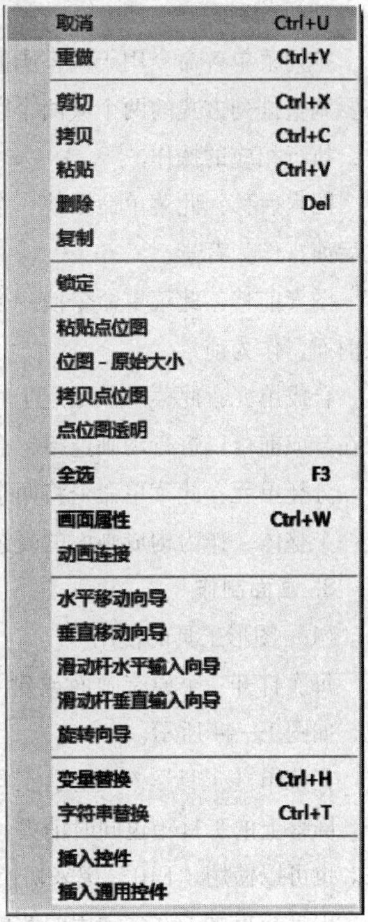

取消：此菜单命令用于取消以前执行过的命令，从最后一次操作开始。

重做：此菜单命令用于恢复取消的命令，从最后一次操作开始。

剪切：此菜单命令将选中的一个或多个图形对象从画面中删除，并复制到粘贴缓冲区中。

拷贝：此菜单命令将当前选中的一个或多个图形对象拷贝到粘贴缓冲区中。

粘贴：此菜单命令将当前粘贴缓冲区中的一个或多个图形对象复制到指定位置。

删除：此菜单命令用于删除一个或多个选中的图形对象。

复制：此菜单命令将当前选中的一个或多个图形对象直接在画面上进行复制，而不需要送到粘贴缓冲区中。

取消	Ctrl+U
重做	Ctrl+Y
剪切	Ctrl+X
拷贝	Ctrl+C
粘贴	Ctrl+V
删除	Del
复制	
锁定	
粘贴点位图	
位图 – 原始大小	
拷贝点位图	
点位图透明	
全选	F3
画面属性	Ctrl+W
动画连接	
水平移动向导	
垂直移动向导	
滑动杆水平输入向导	
滑动杆垂直输入向导	
旋转向导	
变量替换	Ctrl+H
字符串替换	Ctrl+T
插入控件	
插入通用控件	

图 1—43 "编辑"下拉菜单

锁定：此菜单命令用于锁定、解锁图素。当图素锁定时，不能对图素的位置和大小进行操作，而复制、粘贴、删除、图素前移和后移等操作不会受到影响。

粘贴点位图：此菜单命令用于将剪贴板中的点位图复制到当前选中的点位图对象中，并且复制的点位图将进行缩放，以适应点位图对象的大小。

位图—原始大小：此菜单命令使选中的点位图对象中的点位图恢复到与图片本身一样的原有尺寸，而不管点位图对象矩形框的大小。

拷贝点位图：此菜单命令将当前选中的点位图对象中的点位图复制到剪贴板中。只有选中点位图对象后，拷贝点位图命令才有效。

全选：此菜单命令使画面上所有图形对象都处于选中状态。

画面属性：此菜单命令用于对画面属性进行修改。单击"编辑"/"画面属性"菜单，则弹出"画面属性"对话框，该对话框与新画面对话框相同。

（3）排列菜单

排列菜单各命令用于调整画面中图形对象排列方式。在使用这些命令前，首先要选中需要调整排列方式的两个或两个以上图形对象，再从"排列"菜单项的下拉菜单中选择命令，执行相应的操作。

图素后移：此菜单命令使一个或多个选中的图素对象移至所有其他与之相交的图素对象后面，作为背景。

图素前移：此菜单命令使一个或多个选中的图素对象移至所有其他与之相交的图素对象前面，作为前景。

合成单元：此菜单命令用于对所有图形元素或复杂对象进行合成，图形元素或复杂对象在合成前可以进行动画连接，合成后生成的新图形对象不能再进行动画连接。

分裂单元：此菜单命令将两个或多个选中的基本图素（没有任何动画连接）对象组合成一个整体，作为构成画面的复杂元素。

3．画面制作

（1）图形工具的使用

每次打开一个原有画面或建立一个新画面时，图形编辑"工具箱"窗口都会自动出现，如图1—44所示。

在菜单"工具"/"显示工具箱"的左端有"✔"号，表示选中菜单；没有"✔"号，屏幕上的工具箱也同时消失；再一次选择此菜单，"✔"号出现，工具箱再次显示出来。也可以使用"F10"键来切换工具箱的显示与隐藏。工具菜单如图1—45所示。

工具箱提供了许多常用的菜单命令，也提供了菜单中没有的一些操作。当光标放在工具箱任一按钮上时，立刻出现一个提示条标明此工具按钮的功能。

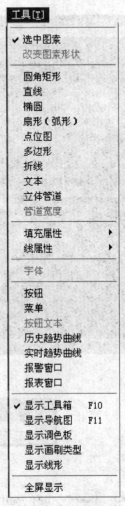

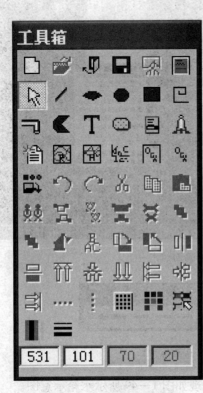

图 1—44 "工具箱"窗口　　　　　　图 1—45 工具菜单

组态王开发系统中的图形对象又称图素。"组态王"系统提供了矩形（圆角矩形）、直线、折线、椭圆（圆）、扇形（弧形）、点位图、多边形（多边线）、立体管道、文本等简单图素对象，利用这些简单图素对象可以构造复杂的图形画面。

选中" "，按鼠标左键在屏幕上拖动，以当前线型绘制一条折线。如图 1—46 所示绘制一个容器。

选中" "，出现如图 1—47 所示"线型"工具栏，选中折线，单击某种线型，画面上的折线就变成相应粗细的曲线。

选中" "，出现如图 1—48 所示"调色板"窗口，选中折线，单击某种颜色，画面上的折线就变成相应颜色的曲线。

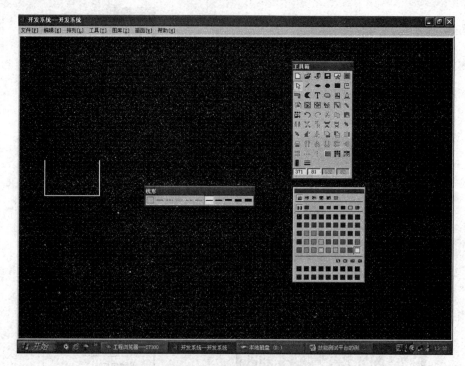

图 1—46 容器画面组态一

图 1—47 容器画面组态二

线型选中"▬"，颜色选中"■"，出现如图 1—49 所示水箱示意图。

选中"●"，按鼠标左键在屏幕上拖动，可画出一个与鼠标拖曳的矩形相内切的椭圆或圆形，如图 1—50 所示。

选中"⅂"，按鼠标左键在屏幕上拖动，可画出立体管道。

选中"╱"，按鼠标左键在屏幕上拖动，以当前线型绘制一条直线。

选中"■"，按鼠标左键在屏幕上拖动，可画出直角矩形。若要画圆角矩形，还需选用"改变图素形状"工具加以修改。

选中"◀"，按鼠标左键在屏幕上拖动，以当前线型和填充模式绘制一个多边形。

选中"T"，以当前字体输入文本。

选中"◆"，按鼠标左键在屏幕上拖动，以当前线型和填充模式绘制一个扇形。

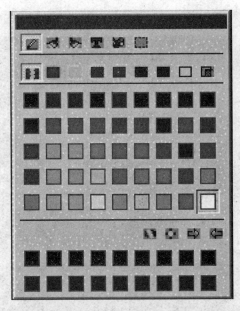

图 1—48   "调色板"窗口

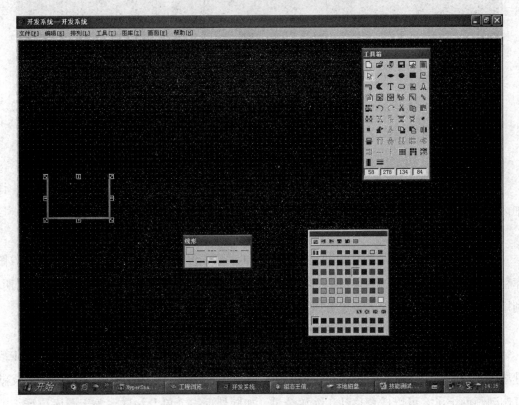

图 1—49   容器画面组态三

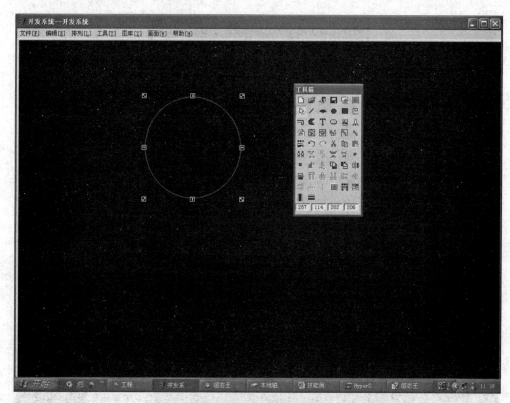

图1—50 图形画面

选中"⬭",按鼠标左键在屏幕上拖动,输入按钮文本(选择菜单"工具"/"按钮文本")。

选中"≣",按鼠标左键在屏幕上拖动,用于在画面上建立菜单。

选中"⚠",按鼠标左键在屏幕上拖动,在选定区域内绘制报警窗口。

利用工具栏中的各种工具可以制作各种形状的图形,这里仅介绍最常用的一部分,详细内容可以参考"组态王"的帮助文档。

(2)图库的使用

图库是指"组态王"中提供的已制作成型的图素组合。图库中的每个成员称为"图库精灵"。使用图库开发工程界面可以大大降低工程人员设计界面的难度,缩短开发周期;利用图库的开放性,工程人员也可以生成自己的图库元素。

在菜单"图库"中选择"打开图库",出现如图1—51所示的"图库管理器"窗口。

在"图库管理器"窗口内双击所需要的图库精灵(如果图库窗口不可见,可按"F2"键激活它),光标变成直角形。移动光标到画面上适当位置,单击鼠标左键,图库精灵就复制到画面上了。可以任意移动、缩放精灵,如同处理一个单元一样。关于图库更详细的内容参见"组态王"帮助文档。

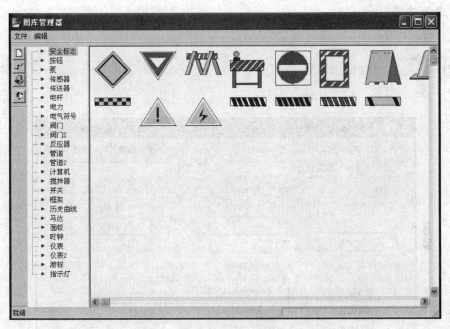

图 1—51　"图库管理器"窗口

　　经过前两步的画面组态，形成了如图 1—52 所示的单容液位调节阀 PID 单回路控制实验画面。实时曲线的制作将在后面介绍。

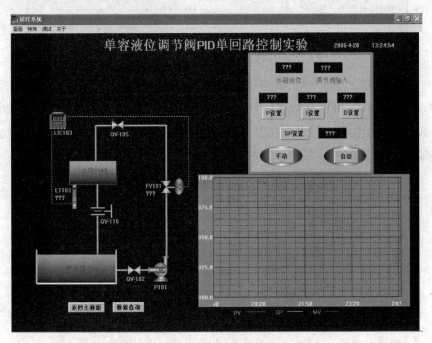

图 1—52　单容液位调节阀 PID 单回路控制实验画面

4. 动画连接

（1）数据连接

选中" T "，在组态画面上以当前字体输入文本，如"##.##"。双击该文本框，出现如图1—53所示的"动画连接"窗口。

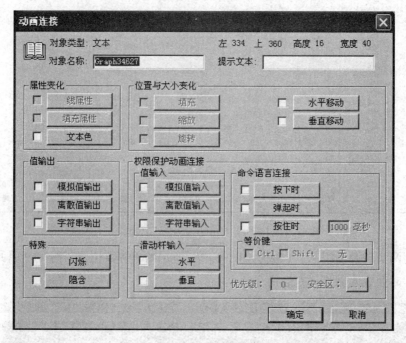

图1—53 "动画连接"窗口

单击"动画连接"窗口的"模拟值输出"，出现如图1—54所示的"模拟值输出连接"窗口。单击"？"，可以从数据词典中选取已经定义的变量做动态连接。输出格式中可以定义数据的显示位数。也可以在对话框中定义数据的对齐方式。用同样的方法可以定义模拟值输入、离散值输入/输出、字符串输入/输出等，这里就不再叙述。

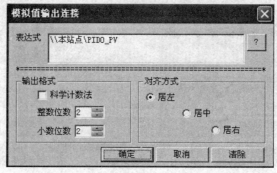

图1—54 "模拟值输出连接"窗口

（2）填充连接

填充连接是使被连接对象的填充物（颜色和填充类型）占整体的百分比随连接表达式的值而变化。

填充连接的设置方法如下：双击封闭对象，出现如图 1—55 所示的"动画连接"窗口；单击"填充"按钮，弹出"填充连接"窗口，如图 1—56 所示。

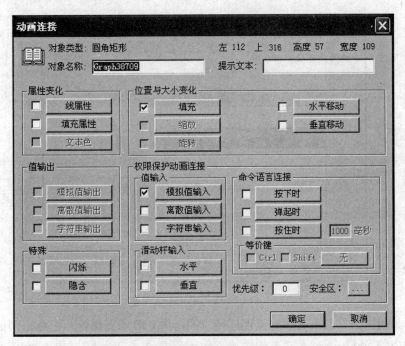

图 1—55　"动画连接"窗口

图 1—56　"填充连接"窗口

（3）填充属性

填充属性连接是使图形对象的填充颜色和填充类型随连接表达式的值而改变，通过定义一些分段点（包括阈值和对应填充属性），使图形对象的填充属性在一段数值内为指定值。

填充属性动画连接的设置方法是在"动画连接"窗口中单击"填充属性"按钮，弹出的窗口如图1—57所示。

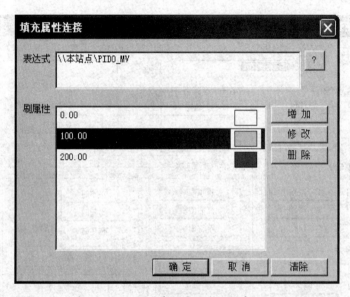

图1—57 "填充属性连接"窗口

本例为封闭图形对象定义填充属性连接，阈值为0时填充属性为白色，阈值为100时为黄色，阈值为200时为红色。画面程序运行时，当变量"温度"的值在0~100的范围内图形对象为白色，在100~200的范围内图形对象为黄色，大于200时图形对象为红色。

如需增加新的分段点，可单击图1—57中的"增加"按钮，弹出如图1—58所示的"输入新值"窗口，在"输入新值"窗口中输入新的分段点的阈值和画刷属性，单击"画刷属性—类型"按钮，弹出"画刷类型"漂浮式窗口，移动光标进行选择。

图1—58 "输入新值"窗口

其他还有许多种动画连接，如线属性连接、文本色连接、水平移动连接、垂直移动连接等，如果需要可参考"组态王"帮助文档。

5. 实时趋势曲线

组态王的实时数据和历史数据除了在画面中以值输出方式和以报表形式显示外，还可以曲线形式显示。组态王的曲线有趋势曲线、温控曲线和 $X—Y$ 曲线。

在组态王开发系统中制作画面时，选择菜单"工具"／"实时趋势曲线"项或单击工具箱中的"画实时趋势曲线"按钮，此时光标在画面中变为十字形，在画面中画出一个矩形，实时趋势曲线就在这个矩形中绘出，如图 1—59 所示。

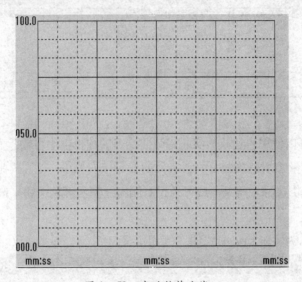

图 1—59　实时趋势曲线一

（1）曲线定义

在生成实时趋势曲线对象后，双击此对象，弹出实时趋势曲线定义窗口，在本窗口中通过单击上端的两个按钮在"曲线定义"和"标识定义"之间切换。实时趋势曲线的"曲线定义"窗口如图 1—60 所示。

坐标轴：选中它，画面出现坐标轴，可以定义其颜色。

分割线为短线：选择分割线的类型。选中此项后在坐标轴上只有很短的主分割线，整个绘图区域接近空白状态，没有网格，同时下面的"次分线"选项变灰。

边框色、背景色：分别规定绘图区域的边框和背景（底色）的颜色。

X 方向、Y 方向：X 方向和 Y 方向的主分线将绘图区划分成矩形网格，次分线将再次划分主分线划分出来的小矩形。这两种线都可以改变线型和颜色。

曲线：定义所绘的 1~4 条曲线 Y 坐标对应的表达式。实时趋势曲线可以实时计算表

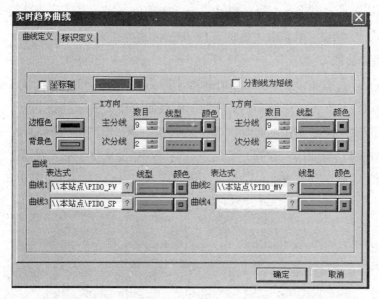

图 1—60 "曲线定义"窗口

达式的值,所以它可以使用表达式。实时趋势曲线名的编辑框中可输入有效的变量名或表达式,表达式中所用变量必须是数据库中已定义的变量。右侧的"?"按钮可列出数据库中已定义的变量或变量域供选择。每条曲线可通过右侧的线型和颜色按钮来改变线型和颜色。

(2)标识定义

如图 1—61 所示为实时趋势曲线的"标识定义"窗口,用来定义下面一些标识。

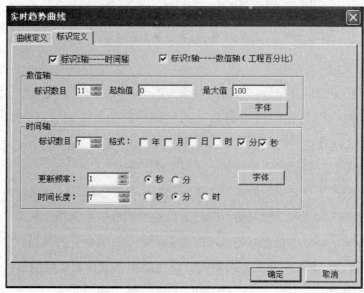

图 1—61 "标识定义"窗口

1）标识 X 轴——时间轴、标识 Y 轴——数值轴。选择是否为 X 或 Y 轴加标识，即在绘图区域的外面用文字标注坐标的数值。如果选中此项，左侧的检查框中有小叉标记，同时下面定义相应标识的选项也由灰变加亮。

2）数值轴（Y 轴）定义区。因为一个实时趋势曲线可以同时显示 4 个变量的变化，而各变量的数值范围可能相差很大，为此应使每个变量都能表现清楚。

标识数目：数值轴标识的数目，这些标识在数值轴上等间隔。

起始值：规定数值轴起点对应的百分比值，最小为 0。

最大值：规定数值轴终点对应的百分比值，最大为 100。

字体：规定数值轴标识所用的字体。可以弹出 WINDOWS 标准字体选择对话框，相应操作可参阅 WINDOWS 操作手册。

3）时间轴（X 轴）定义区。

标识数目：时间轴标识的数目，这些标识在数值轴上等间隔。在组态王开发系统中，时间以 yy:mm:dd:hh:mm:ss 的形式表示；在 TouchVew 运行系统中，显示实际的时间。在组态王开发系统画面制作程序中的外观和历史趋势曲线不同，在两边是一个标识拆成两半，与历史趋势曲线进行区别。

格式：时间轴标识的格式，选择显示哪些时间量。

更新频率：TouchVew 是自动重绘一次实时趋势曲线的时间间隔。与历史趋势曲线不同，它不需要指定起始值，因为其时间始终在当前时间到当前时间—时间长度之间。

时间长度：时间轴所表示的时间范围。

字体：规定时间轴标识所用的字体。与数值轴的字体选择方法相同。

经过曲线定义和标识定义后，实时趋势曲线如图 1—62 所示。

任务总结

根据表 1—4 完成任务报告。

表 1—4　　　　　　　　　　任务报告

任务					
姓名		单位		日期	
理论知识					
实训过程					

续表

实训总结				
实训评价	实训准备工作	提前进入工位，准备好资料和工具；爱护实训环境和实训设备，保持环境整洁	20分	
	实训项目实施	掌握实训任务的理论知识，在规定的时间内完成实训任务；工作步骤清晰；能解决在实训过程中出现的问题；在实训过程中能很好地进行团队合作	60分	
	实训总结	叙述理论基础，总结实训步骤，记录实训结果，对实训进行总结	20分	
			总成绩	
			实训教师	

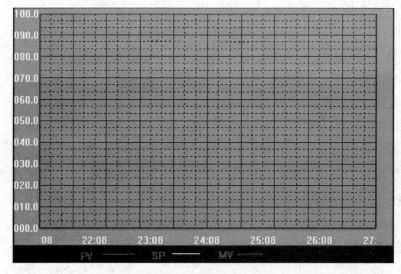

图1—62 实时趋势曲线二

任务三 DDC 计算机直接控制系统通信和使用

任务目标

1. 了解数据采集 AI、数据输出 AO、数字 DI 和 DO 的概念。

2. 学习各种标准信号的不同接法。

3. 掌握组态软件中的 PID 模块。

实训设备

A3000-FS 常规现场系统、ADAM4000 系列 DDC 控制系统。

相关知识

AS3020 子系统包括研华的 ADAM4017、ADAM4024、ADAM4050 三个 I/O 模块。该系统由 24V 直流电驱动，通过 RS485 转换网络的网关 ADAM4571/4570 到以太网，再将数据传到上位机。

下面具体介绍各模块。

1. ADAM4017

ADAM4017 是一个 16 位、8 通道模拟量输入模块，它对每个通道输入量程提供多种范围，可以自行选择设定。这个模块用于工业测量和监测，其性价比很高。通过光隔离输入方式对输入信号与模块之间提供 DC 3000 V 隔离，而且具有过压保护功能。其结构如图 1—63 所示。

ADAM4017 提供信号输入、A/D 转换、RS485 数据通信功能。它使用一个 16 位微处理器控制的 A/D 转换器将传感器的电压或电流信号转换成数字量数据，然后转换为工程单位量。当上位机采集数据时，该模块通过 RS485 数据线将数据传送到上位机。

输入信号：

◇　电压输入：±150 mV，±500 mV，±1 V，±5 V，±10 V。

◇　电流输入：±20 mA，需要串接一个 125 Ω 精密电阻。一般只有 250 Ω 的精密电阻，则两个电阻可以并联在一起。

ADAM4017 应用连线，如图 1—64 和图 1—65 所示。

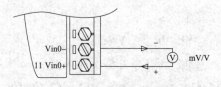

图 1—64　ADAM4017 差分输入通道 0~5

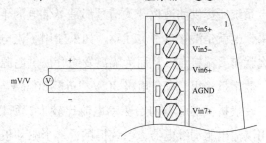

图 1—63　ADAM4017 模拟量输入模块　　　图 1—65　ADAM4017 单端输入通道 6~7

2. ADAM4024

ADAM4024 是一个 4 通道模拟量输出混合模块。在某些情况下，需要多路模拟量输出来完成特殊的功能，但是却没有足够的模拟量输出通道，而 ADAM4024 正是为了解决这一问题而设计的。它包括 4 通道模拟量输出及 4 通道数字量隔离输入，这 4 路数字量通道作为紧急联锁控制输入。

ADAM4024 的 4 路模拟量输出通道支持同时工作在不同的输出范围，如 4~20 mA 与 ±10 V。ADAM4024 允许初始值代替默认值，用户很容易对模块进行设置。

ADAM4024 技术规范如下：

◇ 输出类型：mA，V。
◇ 输出范围：0~20 mA，4~20 mA，±10 V。
◇ 隔离电压：DC 3000 V。
◇ 负载：0~500 Ω（有源）。
◇ 隔离的数字量输入：
  ● 逻辑"0"：+1 V max。
  ● 逻辑"1"：DC +10~+30 V。

3. ADAM4050

ADAM4050 有 7 通道数字量输入、8 通道数字量输出。它的输出可以由上位机给定，并且可以控制固态继电器，以对加热设备、水泵、电力设备的控制。上位机能通过它的数字量输入来确定限制状态、安全开关以及远距离数字量信号。ADAM4050 数字量输入/输出模块如图 1—66 所示。

数字量输入：

◇ 逻辑"0"：1 V max。
◇ 逻辑"1"：+3.5~+30 V。

ADAM4050 输入连接如图 1—67 和图 1—68 所示。

系统所提供的液位开关信号都是不带电的干接点信号，如果带电就是湿接点了。注意，如果使用了光电隔离输入，那么就需要湿接点，从而为隔离发光管提供电源。

数字量输出：开集电极 30 V，负载 30 mA max。

一般机械继电器初始驱动电流比较大，所以不要直接使用该输出驱动继电器，系统提供了一个驱动板，增加电流驱动能力，并增加了保护续流二极管。ADAM4050 驱动电路如图 1—69 所示。

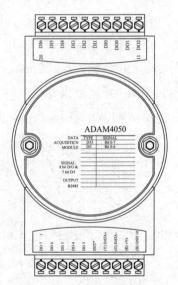

图 1—66 ADAM4050 数字量
输入/输出模块

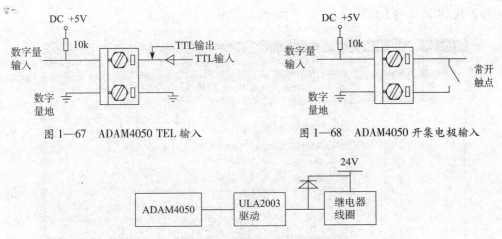

图 1—67 ADAM4050 TEL 输入　　　　图 1—68 ADAM4050 开集电极输入

ADAM4050 ── ULA2003 驱动 ── 继电器线圈 24V

图 1—69 ADAM4050 驱动电路

数字量实验接线：高限液位开关左端接到控制系统的 DI0，DO0 接到 2 号电磁阀左端。

4. ADAM4571/4570

ADAM4571/4570 相当于一个透明网关，将现场检测到的数据通过以太网传送到上位机，且可以实现多机访问。

ADAM4571/4570 由 24 V 直流电供电，可通过 EDG Comport 软件对其进行配置。首先，用 Configuration Utility 可扫描到 4571/4570，如图 1—70 所示。在 Device Properties 中可查看到设备名。

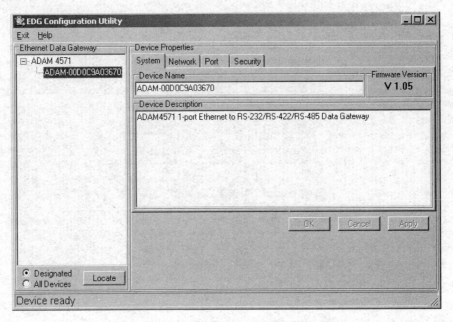

图 1—70 "Configuration Utility 配置"窗口

设置其 IP 地址与上位机处于同一网络段，如图 1—71 所示。

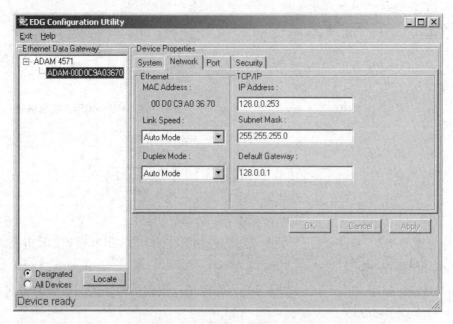

图 1—71　ADAM4571/4570 IP 地址设置

选择串口参数：COM1，RS485，波特率为 9 600 bit/s，无校验位，数据 8 位，停止位 1，如图 1—72 所示。

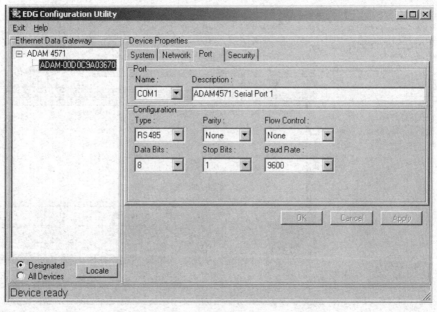

图 1—72　ADAM4571/4570 串口模式设置

　　在 Security 中设置任意 IP 访问。每一项设置好后，单击 "Apply" "OK"，所有项设好后重启计算机，如图 1—73 所示。

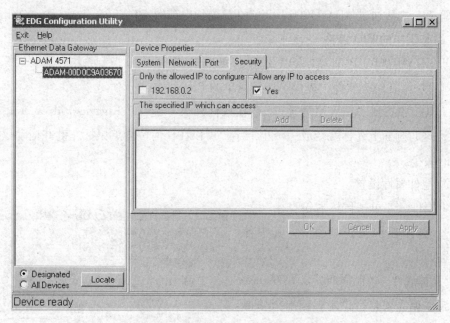

图 1—73　ADAM4571/4570 安全项设置

　　在 DOS 环境中 PING 4571/4570 的 IP，可以验证系统是否设置好了 IP。

　　进入 Port Mapping Utility 对上位机使用串口进行设置。选中 Unused Ports，再选择 Device、IP、Port1、无密码，然后单击 "Add" 按钮，如图 1—74 所示。

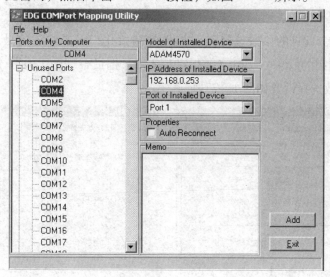

图 1—74　EDG COMPort Mapping Utility 设置

默认配置为串口 3。

在 Ports On My Computer 中选择 4571/4570 Ports，确定设置好单击"Apply""Exit"，重启计算机。之后通过 ADAM4000 Utility 可扫描到虚拟的串口。

5. 组态王中的 PID 控件

对于 ADAM4000、PCI1711 卡以及 ADAM5000CAN 等 DDC 控制系统，需要计算机提供 PID 控制算法。在组态软件中提供了比较简单的 PID 控件。

在工具箱中找到"插入通用控件"，在控件列表中选择"KingviewPid Control"，单击"确定"，这时画面上光标就变成一个小十字，可以在任何位置点鼠标左键并拖动鼠标，确定控件的大小。

（1）控件属性设置

选中控件，并单击鼠标右键选中"控件属性"，弹出控件属性对话框，其中各参数设置如下：

1）总体属性。控制周期默认 1 000 ms，反馈滤波根据需要自行设定，输出限幅根据输出模块的范围设定，如图 1—75 所示。

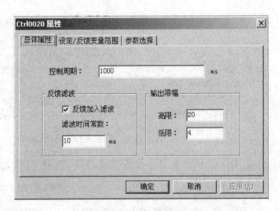

图 1—75　总体属性设置

2）设定/反馈变量范围。根据输入/输出信号的范围设定。无特殊要求时，采用 4~20 mA 电流信号。设定/反馈变量范围设置如图 1—76 所示。

3）参数选择。此处的参数选择是对控件的初始化，需要注意的是"反向作用"和"正向作用"对控制的效果。一般选择标准型 PID，把最合理的 PID 控制参数写在这里，作为默认值。参数选择设置如图 1—77 所示。

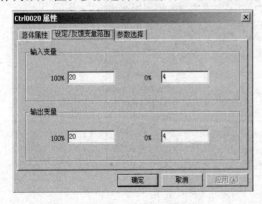

图 1—76　设定/反馈变量范围设置

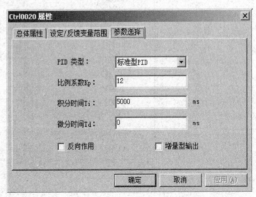

图 1—77　参数选择设置

（2）关联变量

双击画面中的 PID 控件，在弹出的"动画连接属性"对话框中对控件的动画效果进行连接。

1）常规与事件两项，如果无特殊要求可采用默认值。

2）属性。双击需要关联的变量，在弹出的变量选择对话框中选择变量，如图 1—78 所示。

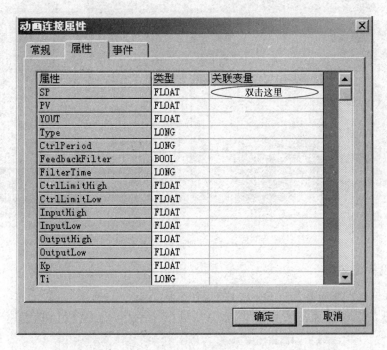

图 1—78 控件属性

（3）运行状态设置

控件上的 |自动| 为手/自动切换按钮，当进入运行状态时，控件默认为自动状态；

|参数| 为控件 PID 参数设置按钮，当进入运行状态时，控件按初始化时的设置运行。注意，这两个按钮只有在运行状态下才起作用。

任务要求

1. 学会配置 ADAM4000 I/O 设备。

2. 学会使用 ADAM UTILITY 程序获取液位信号和控制电动调节阀。

3. 在"组态王"中观察液位信号和控制电动调节阀。

任务实施

1. 画面设计

参考任务二，设计如图 1—79 所示的 DDC 控制器组态画面，此处不做详细介绍。

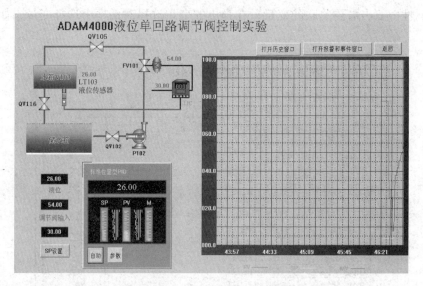

图 1—79　DDC 控制器组态画面

2. I/O 设备定义

新建工程项目，然后选择设备、COM1，在工作区选择"新建"。在"设备配置向导—生产厂家、设备名称、通讯方式"窗口中（见图 1—80）选择"智能模块"→"亚当

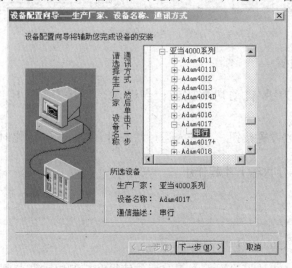

图 1—80　选择智能 Adam4017

4000 系列" → "Adam4017"。

选择"串行"，逻辑名为 A4017，如图 1—81 所示。

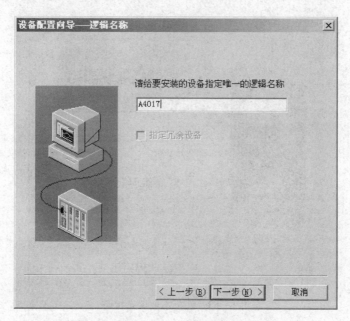

图 1—81　设备逻辑名

单击"下一步"按钮，然后设置串口号，如图 1—82 所示。串口号依据计算机的通信端口来选择。这个端口以后可以按照同样的步骤来更改。

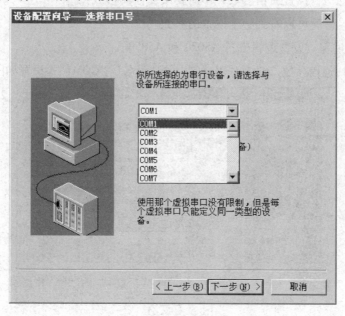

图 1—82　设置串口号

单击"下一步"按钮，然后设置地址。首先设置内给定仪表，所以设定地址 1，如图 1—83 所示。

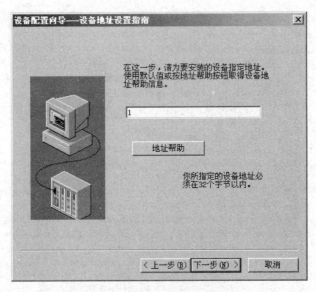

图 1—83　设备地址设置指南

如果单击"地址帮助"按钮，则可以看到详细的有关 ADAM4000 的地址设置以及数据定义的帮助过程。

单击"下一步"，设置通信参数，不需要改变任何参数。

单击"完成"，就可以看到整个设置的参数。

重复上面的过程，设置逻辑设备 A5024 和 A5050。

最后设置串口通信参数，双击左侧窗口中的"设备""COM1"，设置如图 1—84 所示。

图 1—84　设置串口通信参数

3. I/O 数据变量定义

ADAM4000 组态软件中所有的 DDC 控制系统变量定义见表 1—5。

表 1—5　　　　　　　　　　　组态软件中所有的 DDC 控制系统变量定义

序号	参数名	意义	设备	寄存器	数据类型
1	PID0_ PV	过程值	A4017	AI0	I/O 实数
2	PID1_ PV	过程值	A4017	AI1	I/O 实数
3	PID0_ MV	操作值	A4024	AO0	I/O 实数
4	PID1_ MV	操作值	A4024	AO1	I/O 实数
5	PID0_ SP	设定值	内存		内存实数
6	PID1_ SP	设定值	内存		内存实数
7	K	前馈系数	内存		内存实数
8	A11	解耦系数	内存		内存实数
9	A12	解耦系数	内存		内存实数
10	A21	解耦系数	内存		内存实数
11	A22	解耦系数	内存		内存实数

下面以 PID0_ PV 为例，介绍 I/O 变量的定义过程。

选择工程浏览器左侧窗口的"数据词典"，如图 1—85 所示。

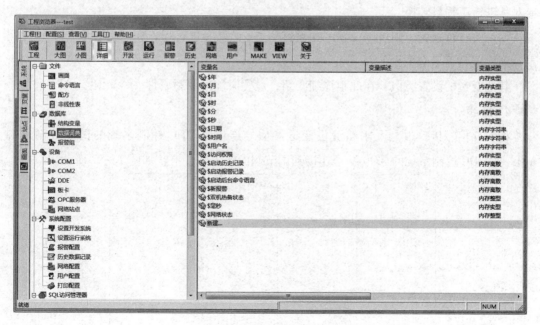

图 1—85　选择"数据词典"

双击"新建…"图标，弹出"定义变量"窗口，设置如图 1—86 所示。

定义变量

| 基本属性 | 报警定义 | 记录和安全区 |

变量名: PID0_PV
变量类型: I/O实数
描述: ADAM4017通道0，PID0过程值

结构成员: 成员类型:
成员描述:

变化灵敏度: 0   初始值: 0.000000   状态
最小值: 0   最大值: 100   ☐ 保存参数
最小原始值: 4   最大原始值: 20   ☐ 保存数值

连接设备: A4017   采集频率: 1000   毫秒
寄存器: AI0   转换方式
数据类型: FLOAT   ⊙ 线性 ○ 开方   [高级]
读写属性: ○ 读写 ⊙ 只读 ○ 只写   ☐ 允许DDE访问

[确定]   [取消]

图 1—86 "定义变量"窗口

输入的 I/O 数据在进入组态软件前进行工程量转换。因为现场数据通过 "ADAM4017" 传送到计算机为电流的实数值，为了转换成温度或者 0~100 格式的值，需要对其进行工程量转换。

如果要进行报警，则可以设置"报警定义"。如果要进行操作权限管理和历史趋势记录，则设置"记录和安全区"。

其他变量的设置类似，在此不详细介绍，设置时注意读写属性。

4. 连线

将 I/O 信号接口板上下水箱液位变送器信号连接到 DDC 控制系统的模拟量输入端 AI0，把 DDC 控制系统的 AO0 端子连接到调节阀的输入端子上，如图 1—87 所示。

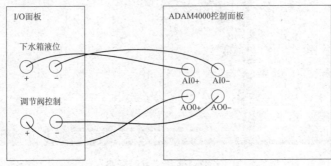

图 1—87 设备接线图

5. 操作步骤

（1）打开阀门 QV102、QV105，其他阀门关闭，右侧水泵和电磁流量计组成的动力支路至锅炉。

（2）打开水泵，开始向下水箱注水。

（3）系统上电，具体步骤参考任务一。

（4）在计算机上运行 Configuration Utility，搜索到 ADAM4571 或 ADAM4570，然后进行配置，并使用 PING 的方法验证。使用 PORT MAPPING 工具进行虚拟串行通信口的设置。

（5）打开调节阀电源和电磁流量计电源，开启右侧水泵。

（6）ADAM_Utility 进行直接操作，选中直接从 ADAM4024 的通道 1 输出 10~20 mA 信号，观察电磁流量计记录的流量是否变化，可以从调节阀的阀柱看到是否拔起。

关小下水箱闸板，使下水箱液位逐步升高，在 ADAM_Utility 中观察 ADAM4017 通道 1，看得到的电流 I 是否逐步升高，可以进行简单的计算，获得高度 $h = 250$（$I-4$）/ 16（mm）。

（7）观察组态画面中水箱液位高度。

（8）实验结束后，关闭阀门 QV114，打开阀门 QV115，关闭水泵；关闭全部设备电源，拆下实验连接线。

任务总结

根据表 1—6 完成任务报告。

表 1—6 　　　　　　　　　　　　任务报告

任务					
姓名		单位		日期	
理论知识					
实训过程					
实训总结					

续表

实训评价	实训准备工作	提前进入工位，准备好资料和工具；爱护实训环境和实训设备，保持环境整洁	20分	
	实训项目实施	掌握实训任务的理论知识，在规定的时间内完成实训任务；工作步骤清晰；能解决在实训过程中出现的问题；在实训过程中能很好地进行团队合作	60分	
	实训总结	叙述理论基础，总结实训步骤，记录实训结果，对实训进行总结	20分	
			总成绩	
			实训教师	

任务四　智能仪表控制系统通信和使用

任务目标

1. 熟悉 XMA5000 智能仪表的安装、接线、功能、特点、参数设定。

2. 掌握 XMA5000 智能仪表组态过程。

实训设备

A3000-FS 常规现场系统，智能仪表控制系统。

相关知识

A3000 综合过程控制实训装置装有两台 XMA5000 福光百特智能仪表，其中一台是内给定智能调节仪，另一台是外给定智能调节仪。该系统由 24 V 直流电供电，可以通过 RS485—RS232 转换器连接到计算机，或者通过 RS485 到以太网转换连接到上位机。

内给定智能调节仪地址设定为 1、波特率为 9 600 bit/s，外给定智能调节仪地址设定为 2、波特率为 9 600 bit/s，在组态软件中名称分别是 baite0、baite1，或者是 baite1、baite2。

1. 智能仪表的功能特点

A3000 智能仪表控制系统采用福建百特公司的两个智能 PID 调节仪表，一个内给定，一个外给定，具有智能 PID 控制算法，可以实现自整定功能。

（1）适用范围

适用于温度控制、压力控制、流量控制、液位控制等各种现场和设备配套。

（2）技术与工艺

采用单片机技术设计，可保证全量程不超差，长期运行无时漂、零漂。

严格按 ISO 9002 认证的工艺生产，可保证长期无故障运行，平均可利用率达 99.98%。

信号输入、控制操作全部采用软件调校。

输入分度号、操作参数、控制算法按键可设定。

（3）万能输入信号

只需做相应的按键设置和硬件跳线设置（打开盖子跳线），即可在以下所有输入信号之间任意切换，即设即用。

热电阻：Pt100、Pt1000、Cu50、Cu100、Pt10。

热电偶：K、E、S、B、T、R、N。

标准信号：0~10 mA、4~20 mA、0~5 V、1~5 V。

霍尔传感器：mV 输入信号，0~5 V 以内任意信号按键即设即用。

远传压力表：30~350 W，信号误差现场按键修正。

其他用户特殊订制输入信号。

（4）多种给定方式

内给定智能调节仪具有本机给定的功能（LSP）：

可通过面板上的增/减键直接修改给定值（也可加密码锁定不允许修改）。

时间程序给定（TSP）。每段程序最长 6 000 min。曲线最多可设 16 段。

RS485 通信给定。

注意：外给定调节仪只具有外部模拟给定的功能，10 mA/4~20 mA/0~5 V/1~5 V 通用，不能任意选择它的输入信号。

（5）多种控制操作方式可选择

10 mA、4~20 mA、0~5 V、1~5 V 控制操作（选购时指定）。

时间比例控制继电器操作（AC 1 A/220 V 阻性负载）。

时间比例控制 5~30 V SSR 控制信号操作。

时间比例控制双向晶闸管操作（3 A，600 V）。

单相二路晶闸管过零或移相触发控制操作（独创电路可触发 3~1 000 A 晶闸管）。

三相六路晶闸管过零或移相触发控制操作（独创电路可触发 3~1 000 A 晶闸管）。外挂三相 SCR 触发器。

其中 AS3010 系统选择了 4~20 mA 控制操作。

（6）专家自整定算法

独特的 PID 参数专家自整定算法，将先进的控制理论和丰富的工程经验相结合，使

PID 调节器可适应各种现场，对一阶惯性负载、二阶惯性负载、三阶惯性负载、一阶惯性加纯滞后负载、二阶惯性加纯滞后负载、三阶惯性加纯滞后负载这六种有代表性的典型负载的全参数测试表明，PID 参数专家自整定的成功率达 95% 以上。

2. 智能仪表显示说明

（1）主显示窗（PV）

1）上电复位时主显示窗显示表型"Hn A"（XMA 调节器）。

2）正常工作时，显示操作值 PV。

3）参数设定时，显示被设定参数名，或被设定参数当前值。

4）信号断线时，显示"broll"。

5）信号超量程时，显示"H.oFL"或"L.oFL"。

（2）附显示窗

1）上电复位时主显示窗显示"F9bt"（福光百特）。

2）自动工作态下，显示控制操作值 MV。用增/减值键调整给定值 SP 时，显示 SP 值。当停止增/减 SP 值操作 2s 后，恢复显示控制操作值 MV。

3）手动工作态下，显示控制操作值。

4）参数设定操作时，显示被设定参数名。

5）启动时间程序给定后，在自动工作态下显示 SP 值，手动工作态下显示 MV 值。

6）自整定期间，交替显示"AdPt"和操作值 MV。

（3）LED 指示灯

1）HIGH。报警 2（上限）动作时，灯亮。

2）LOW。报警 1（下限）动作时，灯亮。

3）MAN。自动工作态灯灭，手动工作态灯亮。

4）OUT。时间比例操作 ON 时，灯亮。

3. 智能仪表操作说明

（1）按键说明

1）"SET"键。自动或手动工作态下，按"SET"键进入参数设定态；参数设定态下，按"SET"键确认参数设定操作。

2）"△"键和"▽"键。自动工作态下，按"△"键或"▽"键可修改给定值（SP），在附显示窗显示；手动工作态下，按"△"键或"▽"键可修改控制操作值（MV）；参数设定时，"△"键和"▽"键用于参数设定菜单选择及参数值设定。

3）"A/M"键。手动工作态和自动工作态的切换键。

（2）智能仪表给定值设置

1）单设定点（本机设定点）的 SP 设定操作在自动工作态下，按"△"键和"▽"键可修改 SP 设定值，在附显示窗显示。上电复位后将调出停电前的 SP 值作为上电后的初始 SP 值。上电复位时，具有 SP 跟踪 PV 功能，即从时间程序曲线中最接近当前 PV 值的点开始运行程序。

2）手动操作。无论是本机单值给定工作态，还是时间程序给定工作态，按"A/M"键均进入手动工作态，可通过"△"键和"▽"键直接修改 MV 值，在附显示窗显示。在手动工作态下，按"A/M"键将回到自动工作态。手动/自动状态的切换是控制操作 MV 双向无扰动的。

本机单值给定时，手动转自动时具有 SP 自动跟踪 PV 功能，即置 SP 值等于当前 PV 值。

t. SP 给定时，手动转自动时同样具有 SP 自动跟踪 PV 功能，即从时间程序曲线中最接近 PV 的点开始运行。

3）PID 自整定程序的启动。按操作说明"D"操作，可启动 PID 自整定程序。

启动后，若偏差（$SP-PV$）/FS 小于 5%，则继续维持常规 PID 运行，不进行 PID 参数自整定；若偏差大于 5%，则做两个周期全开全关位式控制，算出系统合适的 PID 参数，按此参数进行常规 PID 控制。

自整定期间，附显示窗交替显示特定字符和 MV 值。

4. 参数设定操作总框图

（1）参数操作图例说明

按键图例说明见表 1—7。

表 1—7　　　　　　　　　　　　　　　按键图例说明

图符	说明	图符	说明
S	按"SET"键	xxxx yyyy	主显示窗显示 xxxx 附显示窗显示 yyyy
△、▽	按"△"键或"▽"键		
A/M	按"A/M"键		

（2）参数设置操作流程

XMA5000 参数设置流程总图如图 1—88 所示。

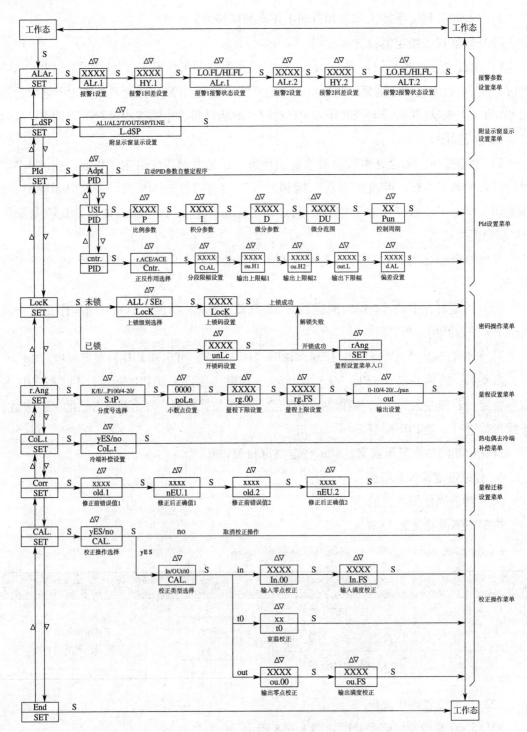

图 1—88　XMA5000 参数设置流程总图

5. 接线图

XMA5000 的接线图如图 1—89 所示。

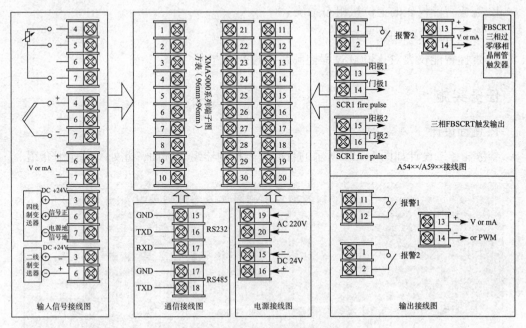

图 1—89　XMA5000 的接线图

A3000 综合过程控制实训装置已将 XMA5000 的接线引到控制柜面板上，如图 1—90 所示。

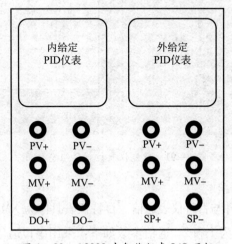

图 1—90　A3000 中智能仪表 I/O 面板

任务要求

1. 完成智能仪表的上位机组态系统。
2. 掌握智能仪表的设置方法。
3. 掌握智能仪表对 A3000 过程控制系统的控制方法。

任务实施

1. 画面设计

参考任务二设计如图 1—91 所示的智能仪表控制器组态画面，此处不做详细介绍。

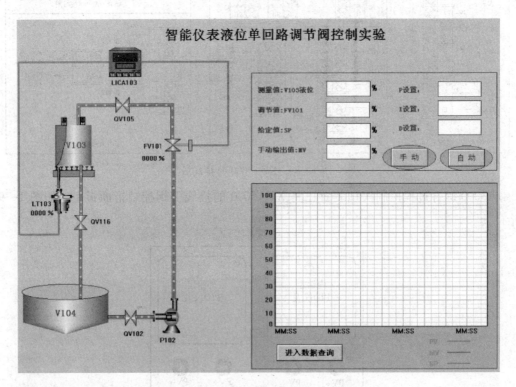

图 1—91　智能仪表控制器组态画面

2. I/O 设备定义

本设计是实现组态软件与百特仪表通信。百特仪表具体为 XM 类仪表两个，名称分别为 baite1 和 baite2，地址分别为 1 和 2。通信参数如下：采用串口通信，端口号 COM1，波特率为 9 600 bit/s，数据位 8，无校验位，停止位 2，通信超时 3 000 ms，采集频率为 1 000 ms。

新建工程项目，选择设备，再选择正确的串口（如 COM1），然后在工作区选择"新建..."，如图 1—92 所示。

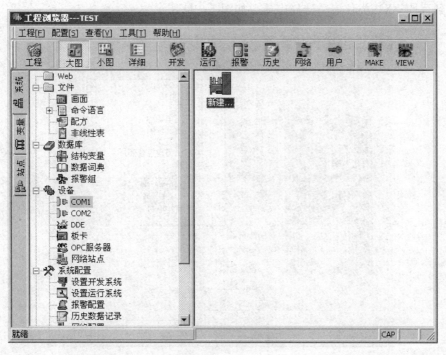

图 1—92　新建设备

双击"新建..."图标，在"设备配置向导—生产厂家、设备名称、通讯方式"窗口中选择智能仪表，如图 1—93 所示。

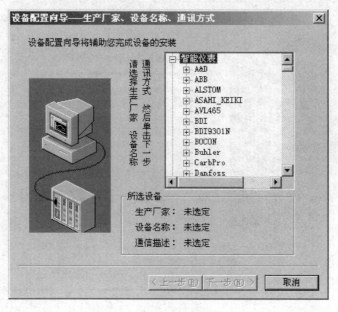

图 1—93　选择智能仪表

找到百特、XM 类仪表，选择串口，如图 1—94 所示。

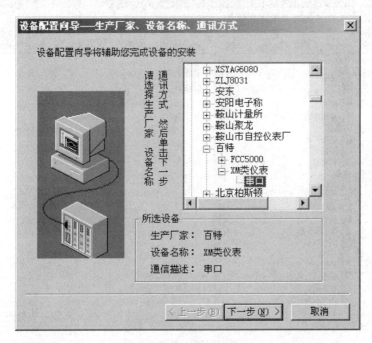

图 1—94　选择最终的设备

单击"下一步"按钮，设置逻辑名称 baite1，如图 1—95 所示。

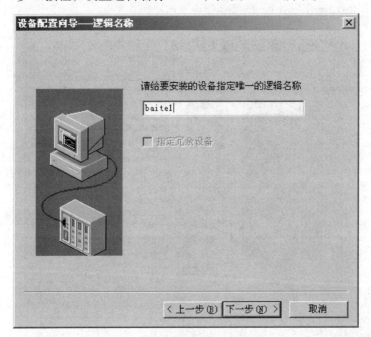

图 1—95　设置逻辑名称

单击"下一步"按钮，设置串口，如图 1—96 所示。依据计算机的通信端口来选择串口号。这个端口以后可以按照同样的步骤来更改。

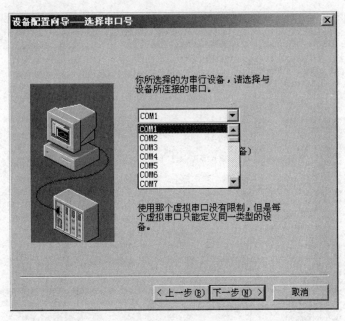

图 1—96　设置串口

单击"下一步"按钮，设置地址。首先设置内给定仪表，所以设定地址 1，如图 1—97 所示。

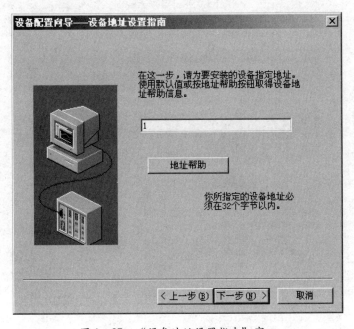

图 1—97　"设备地址设置指南"窗口

如果单击"地址帮助"按钮,则可以看到详细的有关百特仪表的地址设置以及数据定义的帮助过程,如图1—98所示。

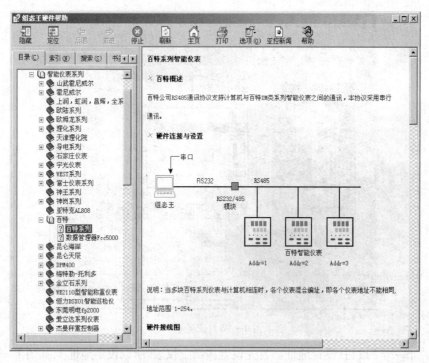

图1—98 帮助系统

单击"下一步"按钮,设置通信参数。在此不需要改变任何参数,如图1—99所示。

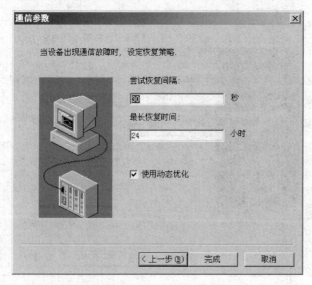

图1—99 通信参数设置

单击"完成"按钮，就可以看到整个设置的参数。

重复上面的过程，设置外给定仪表。注意地址设置为 2，逻辑名为 baite2。设置结果如图 1—100 所示。

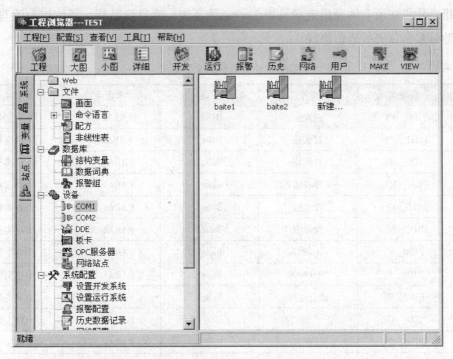

图 1—100 硬件设置结果

最后设置串口通信参数。双击左侧窗口中的"设备""COM1"，设置如图 1—101 所示。

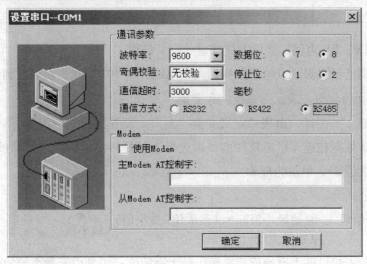

图 1—101 串口通信参数设置

　　数据库是"组态王"软件的核心部分，工业现场的生产状况要以动画的形式反映在屏幕上，操作者在计算机前发布的指令也要迅速送达生产现场，所有这一切都以实时数据库为中介环节，所以说数据库是联系上位机和下位机的桥梁。

　　在组态软件中所有的变量定义见表1—8。除了PV值只读以外，其他均为读写属性。读写参数号参考仪表的通信协议。

表1—8　　　　　　　　　　　　　组态软件中所有的变量定义

序号	参数名	意义	设备	参数号	数据类型
1	PID0_PV	过程值	Baite1	REAL1	I/O实数
2	PID1_PV	过程值	Baite2	REAL1	I/O实数
3	PID0_MV	操作值	Baite1	PARA1.44	I/O实数
4	PID1_MV	操作值	Baite2	PARA1.44	I/O实数
5	PID0_SP	设定值	Baite1	PARA1.38	I/O实数
6	PID1_SP	设定值	Baite2	PARA1.38	I/O实数
7	PID0_P	比例带	Baite1	PARA1.31	I/O实数
8	PID0_I	积分时间	Baite1	PARA1.32	I/O实数
9	PID0_D	微分时间	Baite1	PARA1.33	I/O实数
10	PID0_AM	手/自动切换	Baite1	PARA1.43	I/O实数
11	PID1_P	比例带	Baite2	PARA1.31	I/O实数
12	PID1_I	积分时间	Baite2	PARA1.32	I/O实数
13	PID1_D	微分时间	Baite2	PARA1.33	I/O实数
14	PID1_AM	手/自动切换	Baite2	PARA1.43	I/O实数

　　下面以PID0_PV为例，介绍I/O变量的定义过程。

　　选择工程浏览器左侧窗口的"数据词典"，如图1—102所示。可以看到已经有很多变量。以"＄"作为前缀，表示为系统内存变量。

　　双击"新建…"图标，出现"定义变量"窗口，设置如图1—103所示。

　　输入的I/O数据在进入组态软件前可以进行工程量转换，例如，如果过程值是液位，则可以设置最大值25，单位为厘米。

　　线性转换公式为：

$$输出 = \frac{（原始输入-原始最小值）×（最大值-最小值）}{原始最大值-原始最小值} + 最小值$$

　　如果原始输入超过最大原始值，则等于最大原始值；如果少于最小原始值，则等于最小原始值。

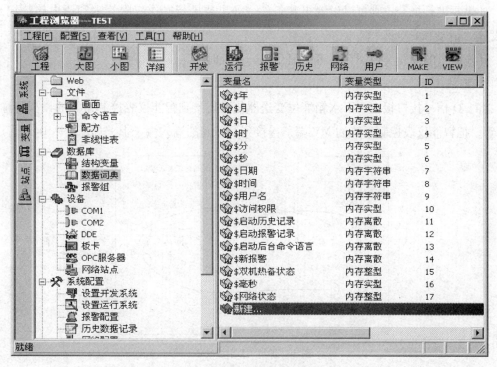

图 1—102　数据词典定义

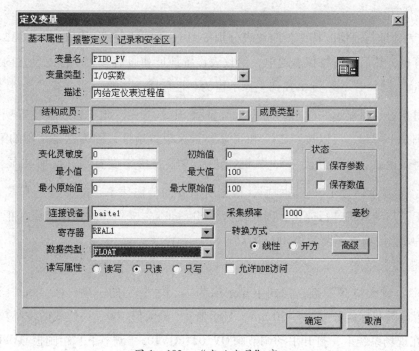

图 1—103　"定义变量"窗口

如果要进行报警，则可以设置报警条件。如果要进行操作权限管理和历史趋势记录，则设置"记录和安全区"。

其他变量的设置类似，在此不详细介绍，设置时注意读写属性。

3. 连线

将 I/O 信号接口板上、下水箱液位变送器信号连接到智能仪表控制系统的模拟量输入端 PV，把智能仪表控制系统的 MV 端子连接到调节阀的输入端子上，如图 1—104 所示。

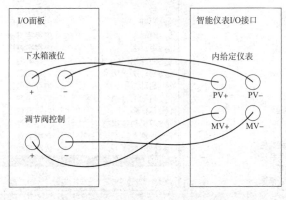

图 1—104　设备接线图

4. 操作步骤

（1）初始化仪表

1）仪表地址与通信波特率。两块表分别按图 1—104 接好线，用 RS485-232 模块连接仪表和计算机，然后给百特仪表通电，给仪表设置地址和通信参数。首先设置内给定调节仪，按"Set"键和"△"键，找到主显示窗为"⊑⊓⊓∪"的一项，按"Set"键进入其内部，此时主显示窗显示"⊓⎸"，附显示窗显示"⊑⊓∂⊓"，此项为地址设置项，百特表的地址范围是 1～254，可以按"△"和"▽"键来设置地址，因为这是采用的第一块表，所以在此将其设置为 1。再按"Set"键，进入传输波特率设置项，此时主显示窗显示"⑨⑥⊓⊓"，附显示窗显示"⊑⊔∂⊓∫"，根据所需要的传输速率，按"△"和"▽"键来选择，由于是与计算机进行通信，因此设为 9 600 bit/s。按同样的操作步骤，把第二块表的地址设为 2，传输速率设为 9 600 bit/s。

2）设置量程范围

按"Set"键和"△"键，找到主显示窗为"⎾∀⊓⊏"的一项，按"Set"键进入其内部，设置范围和标定分度：4～20 mA，最小值 0，最大值 100，一位或两位小数。

（2）在现场系统上，打开手动调节阀 QV102、QV105，调节下水箱闸板 QV116 的开度（可以稍微大一些），其余阀门关闭。

（3）打开设备电源，启动右侧水泵 P102 和调节阀。

（4）启动计算机组态软件，进入测试项目界面。启动调节器，设置各项参数，可将调节器的手动控制切换到自动控制。

（5）观察组态画面中水箱液位百分比所对应仪表输出，填写到表 1—9 中。

表 1—9　　　　　　　　　　　　　　仪表输出记录表

仪表输出					
液位百分比	20%	40%	60%	80%	100%

（6）实验结束后，关闭阀门 QV114，打开阀门 QV115，关闭水泵；关闭全部设备电源，拆下实验连接线。

任务总结

根据表 1—10 完成任务报告。

表 1—10　　　　　　　　　　　　　　任务报告

任务					
姓名		单位		日期	
理论知识					
实训过程					
实训总结					
实训评价	实训准备工作	提前进入工位，准备好资料和工具；爱护实训环境和实训设备，保持环境整洁		20 分	
	实训项目实施	掌握实训任务的理论知识，在规定的时间内完成实训任务；工作步骤清晰；能解决在实训过程中出现的问题；在实训过程中能很好地进行团队合作		60 分	
	实训总结	叙述理论基础，总结实训步骤，记录实训结果，对实训进行总结		20 分	
				总成绩	
				实训教师	

任务五　S7-300 PLC 控制系统通信和使用

任务目标

1. 熟悉 S7-300 PLC 的系统组成。
2. 掌握 S7-300 硬件组态和软件编程过程。
3. 掌握 S7-300 中 PID 模块的使用。

实训设备

A3000-FS 常规现场系统，S7-300 PLC 控制系统。

相关知识

1. S7-300 的硬件系统

S7-300 是西门子公司产品，属于模块式结构的中型 PLC，适用于中等性能的控制要求，在工业生产中应用广泛。S7-300 包括电源模块（PS）、CPU 模块、信号模块（SM）、功能模块（FM）、接口模块（IM）和通信模块（CP），表 1—11 所列为 S7-300 的主要模块。用户可以根据具体需要选择合适的模块进行组合。当系统规模扩大和功能复杂时，可以增加模块，对 PLC 进行扩展。简单实用的分布式结构和强大的通信联网能力使其应用十分灵活。

表 1—11　　　　　　　　　　　　　S7-300 的主要模块

模块	功能	常用型号
导轨	S7-300 的机架	
电源（PS）	将电网电压（120/230 V）变换为 S7-300 的 DC 24 V 工作电压	PS305、PS307
中央处理单元（CPU）	执行用户程序，附件有存储区模块等	CPU312、CPU312C、CPU313、CPU314、CPU315、CPU316、CPU317、CPU318…
接口模块（IM）	连接两个机架的总线	IM360
信号模块（SM）	把不同的过程信号与 S7-300 相匹配，附件有总线连接器、前连接器	
功能模块（FM）	完成定位、闭环控制等功能	
通信处理器（CP）	连接可编程控制器，附件有电缆、接口模块等	

S7-300 模块都安装在 DIN（Deutsches Institut fur Normung，德国标准化学会）标准导轨组成的机架上，并用螺钉固定。这种结构形式既可靠，又能满足电磁兼容要求。电源模块安装在中央机架最左侧，CPU 模块紧靠电源模块。除电源模块外，每个模块都集成有背板总线接口，通过总线连接器将除电源模块外的各模块连接起来，如图 1—105 所示。

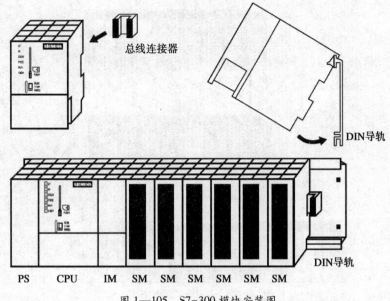

图 1—105　S7-300 模块安装图

受背板总线所提供电流的限制，中央机架最多安装 8 个信号模块。如果处理信息量较大，就需要安装扩展机架，S7-300 最多可以安装 3 个扩展机架。每个机架可以安装 8 个模块(不包括电源模块、CPU 模块、接口模块)，4 个机架最多可以安装 32 个模块。S7-300 机架安装图如图 1—106 所示。

每个型号的模块都被它的订货号唯一标记，在购买模块及其硬件组态时作为最终参考。例如，需要一个 32 点的数字量输入模块，模块名为 DI×32 DC 24 V（类似功能模块的名字可能相同），订货号为 6ES7 321-1BL00-0AA0（唯一标示某种类型的模块）。

（1）电源模块

S7-300 有多种电源模块为 PLC 内部和需要直流 24V 的外部负载供电，图 1—107 所示为 PS307 电源模块。PS307 电源模块输入电压为 AC 120/230 V，50/60 Hz，输出电压为 DC 24 V，输出电流为 5 A，具有短路保护功能。

（2）CPU 模块

1）CPU 功能。S7-300 有 20 种不同型号的 CPU，按性能等级划分可满足不同控制要

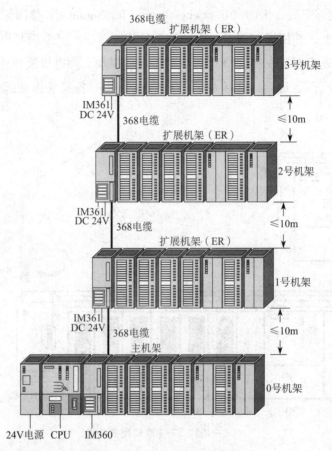

图1—106 S7-300机架安装图

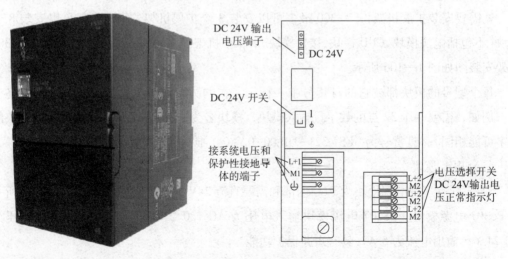

图1—107 PS307电源模块

求。图 1—108 所示为 CPU315F-2PN/DP（订货号为 315-2F J14-0AB0）的外形。该 CPU
具有以下特点：

①自带模拟量输入/输出 AI4/AO2 和数字量输入/输出 DI16/DO16。

②具有中到大容量程序存储器和 PROFIBUS DP 主/从站接口，比较适用于大规模的 I/O
配置或建立分布式 I/O 系统。

③带有与过程相关的功能。

④可以连接单独的 I/O 设备。

⑤CPU 运行时需要微存储卡 MMC。

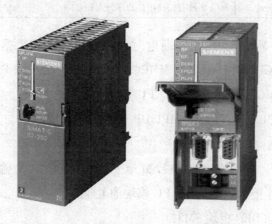

图 1—108　CPU315F-2PN/DP 的外形

2）CPU 操作模式。S7-300 CPU 有四种操作模式（见表 1—12），分别为 RUN-P、
RUN、STOP 和 MRES。

表 1—12　　　　　　　　　　　　　S7-300 CPU 四种操作模式

符号名	模式	功能
RUN-P	可编程运行模式	在此模式下，CPU 执行用户程序，既可以用编程装置从 CPU 中读出，也可以由编程装置转载到 CPU 中，用编程装置可监控程序的运行
RUN	运行模式	在此模式下，CPU 执行用户程序，还可以通过编程设备读出、监控用户程序，但不能修改用户程序
STOP	停机模式	在此模式下，CPU 不执行用户程序，但可以通过编程设备（如装有 STEP 7 的 PG、装有 STEP 7 的计算机等）从 CPU 中读出或修改用户程序。在此位置可以拔出钥匙
MRES	存储器复位模式	该位置不能保持，当开关在此位置释放时将自动返回 STOP 位置。将钥匙从 STOP 模式切换到 MRES 模式时，可复位存储器，使 CPU 回到初始状态

3）CPU 状态及故障显示。S7-300 PLC 的 CPU 面板上有 6 个 LED 指示灯，进行运行
状态和故障显示，见表 1—13。

表1—13　　　　　　　　　　　　CPU 运行状态和故障显示

LED	功能	说明
SF（红色）	系统错误或故障	下列事件引起灯亮：硬件故障；固件出错；编程出错；参数设置出错；算术计算出错；定时器出错；寄存器卡故障；输入/输出故障或错误。用编程装置读出诊断缓冲器的内容，确定错误/故障的真正原因
BATF（红色）	电池故障	如果电池有下列情况，则灯亮：失效；未装入
DC 5 V（绿色）	DC 5 V 电源	如果内部的 DC 5 V 电源正常，则灯亮
FRCE（黄色）	保留专用	强制功能时点亮
RUN（绿色）	运行模式	CPU 启动时以 2 Hz 频率闪烁，运行时常亮
STOP（橙色）	停止模式	CPU 没有扫描用户程序时点亮

4）微存储器卡（MMC）。用于在断电时保存用户程序和数据。MMC 的读写直接在 CPU 内完成，在使用 CPU 时必须放入 MMC。只有在断电状态或 CPU 停止状态才能取出 MMC；否则会导致 MMC 损坏。MMC 与 CPU 是分开订货的。

5）通信接口。CPU 模块可集成 MPI/DP 接口，用于编程或与其他西门子 PLC、PG/PC、OP 进行网络通信。

6）电源接线端子。电源模块的 L+ 和 M 端子分别是 DC 24 V 输出电压的正极和负极，用专用的电源连接线连接电源模块和 CPU 模块的 L+ 和 M 端子。

（3）数字量输入（DI）模块 SM321

数字量输入模块 SM321 将从现场传来的外部数字信号的电平转换为 PLC 内部的信号电平。数字量输入模块分为直流数字量输入模块和交流数字量输入模块，有多种型号可供选择，如直流 16 点输入、直流 32 点输入、直流 64 点输入、交流 16 点输入、交流 8 点输入模块等。如图 1—109 所示为数字量输入模块 SM321 DI 32×24 V（6ES7321‑1BL00‑0AA0）的模块外形、端子排列及接线图。交流输入模块的额定输入电压为 AC 120 V 或 230 V，交流输入方式适合于在有油、雾、粉尘的恶劣环境下使用。直流输入电路的延迟时间较短，可以直接与接近开关、光电开关等电子输入装置连接。在应用中如果信号线不是很长，PLC 所处的物理环境较好，电磁干扰较轻，应优先考虑选用 DC 24 V 的输入模块。注意输入模块和其他信号模块的前连接器都是单独订货。

（4）数字量输出（DO）模块 SM322

数字量输出模块 SM322 将 PLC 内部信号电平转换为过程所要求的外部信号电平，同时有隔离和功率放大的作用，可直接用于驱动电磁阀、接触器、小功率电动机、灯和电动机启动器等负载。输出方式有晶体管输出、晶闸管输出和继电器输出三种。晶体管输出方式属于直流模块，只能用于直流负载；晶闸管输出方式只能用于交流负载；继电器输出方

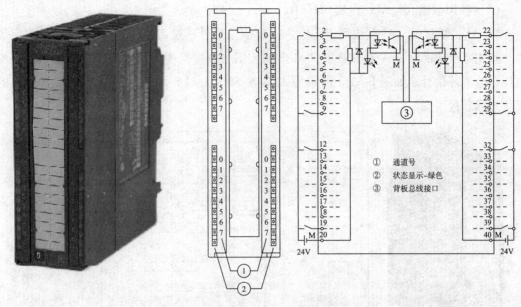

图 1—109 数字量输入模块 SM321

式可用于交、直流两种负载。负载电源由外部现场提供。晶体管输出模块具有响应速度快、过载能力较差的特点；继电器输出模块具有安全隔离、负载能力强的特点，可根据具体需要来进行选型。如图 1—110 所示为数字量输出模块 SM322 DO 32×24 V（6ES7322-1BL00-0AA0）的模块外形、端子排列及接线图。

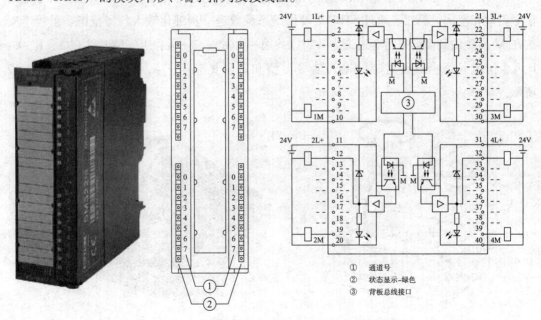

① 通道号
② 状态显示-绿色
③ 背板总线接口

图 1—110 数字量输出模块 SM322

（5）模拟量输入（AI）模块 SM331

1）AI 模块接线。AI 模块用于将输入的模拟量信号转换为 CPU 内部处理用的数字信号，其主要组成部分是 A/D 转换器。AI 的输入信号一般是变送器输出的标准量程的直流电压、电流等信号。如图 1—111 所示为 AI 模块 SM331 AI 8×8bit 6ES7331-KF02-0AA0 的模块外形和接线图。

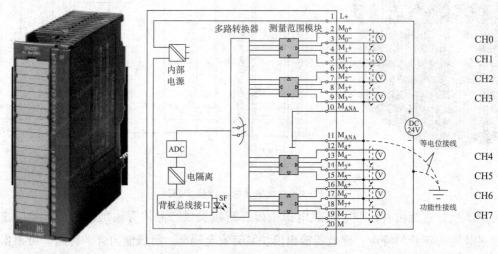

图 1—111　模拟量输入模块 SM331

2）AI 模块输入量程。AI 模块输入量程的设定分为两步，第一步通过量程卡初选输入信号类型和范围，第二步通过 STEP 7 硬件组态设置进一步细化输入信号范围。量程卡安装在 AI 模块的侧面，每两个通道为一组，共用一个量程卡。量程卡安装时共有 A、B、C、D 四个位置，每个位置对应的输入信号类型和量程见表 1—14，切换方法如图 1—112 所示。

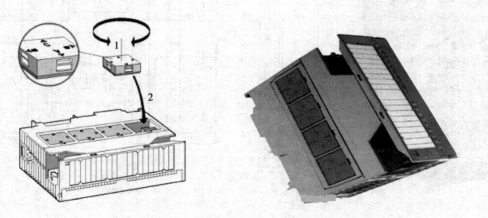

图 1—112　AI 模块量程卡切换方法

表 1—14   量程卡每个位置对应的输入信号类型和量程

量程卡的位置	输入信号类型	测量范围
A	电压	±1 000 mV
B	电压	±10 V
C	电流, 4 线变送器	4~20 mA
D	电流, 2 线变送器	4~20 mA

通过量程卡选择量程范围是初选, 最后还要通过 STEP 7 进行组态设置, 详细设计见硬件组态部分。

3) 模拟值。模拟输入转换后对应的数值称为模拟值。在 S7-300 中用 16 位二进制补码表示模拟值。最高位为符号位, 正数的符号位为 0, 负数的符号位为 1。表 1—15 给出了 SM331 模拟值与模拟量之间的对应关系, 模拟量量程的上、下限分别对应十六进制模拟值 6C00H 和 0H (H 表示 16 进制数)。AI 模块在模块通电前或模块参数设置完成后第一次转换之前或上溢出时, 其模拟值为 7FFFH。溢出时模块上 SF 指示灯闪烁, 并产生诊断中断。

表 1—15   SM331 模拟值与模拟量之间的对应关系

范围	百分比（%）	十进制	十六进制	电压（V）	电流（mA）
上溢出	118.515	32 767	7FFFH	11.825	23.7
超出范围	117.589	32 511	7EFFH	11.759	23.52
正常范围	100.000	27 648	6C00H	10	20
	20	5 530	159AH	2	4
	0	0	0H	0	0
低于范围	-17.593	-4 864	ED00H	无	-3.52

转化时应考虑变送器的输入/输出量程和模拟量输入模块的量程, 找出被测物理量与 A/D 转换后的数字量之间的比例关系。

【例 1—1】工程量为 0~10 MPa, 输出信号为 4~20 mA, 模拟量输入模块的量程为 4~20 mA, 转换后的数字量为 0~27 648。设转换后得到的数字为 N, 求以 kPa 为单位的压力值。

解: 0~10 MPa (0~10 000 kPa) 对应于转换后的数字量 0~27 648, 转换公式为:

$$P = 10\ 000\ N / 27\ 648\ (kPa)$$

【例 1—2】变送器满量程为 120 kPa, 信号为 4~20 mA, 模拟量输入模块将 0~20 mA 转换为数字量 0~27 648。设转换后得到的数字为 N, 求以 Pa 为单位的压力值。

解: 4~20 mA 模拟量对应于数字量 5 530~27 648, 即 0~120 kPa 对应于数字量 5 530~27 648, 压力的计算公式应为:

$$P = 120 （N-5\ 530） / （27\ 648-5\ 530） = 120 （N-5\ 530） /22\ 118$$

（6）模拟量输出（AO）模块 SM332

模拟量输出模块 SM332（见图 1—113）用于将 CPU 送给它的数字信号转换为成比例的电流信号或电压信号，对执行机构进行调节或控制，其主要组成部分是 D/A 转换器。AO 模块在使用时量程的设置及模拟值转换与 AI 模块相同。

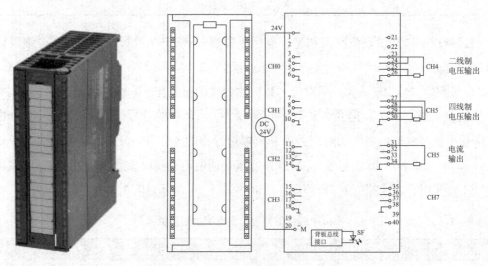

图 1—113　模拟量输出模块 SM332

2. S7-300 编程软件的使用

STEP 7 包括的主要组件见表 1—16。STEP 7 包含了自动化项目中从项目的启动、实施到测试、服务每一阶段所需的全部功能，能简单、方便地将 S7-300 的全部功能加以利用。

表 1—16　　　　　　　　　　　　　STEP 7 的主要组件

SIMATIC 管理器	集中管理所有工具及自动化项目数据
程序编辑器	用于以 LAD、FBD 和 STL 语言生成用户程序
符号编辑器	用于管理全局变量
硬件组态	用于组态和参数化硬件
硬件诊断	用于诊断自动化系统的状态
NetPro	用于组态 MPI 和 PROFIBUS 等网络连接

任务要求

1. 建立单容水箱调节阀 PID 控制程序。

2. 在 Step 7 中观察液位变化情况。

任务实施

1. 新建项目

STEP 7 安装完成后，通过 Windows 的"开始""SIMATIC""SIMATIC Manager"命令，或者双击桌面上的 STEP 7 图标，可以启动 SIMATIC 管理器，如图 1—114 所示。

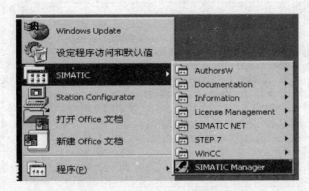

图 1—114 启动 SIMATIC 管理器

SIMATIC 管理器的运行界面如图 1—115 所示。项目窗口类似于 Windows 的资源管理器，分为左、右两个视窗。左侧为项目结构视窗，显示项目的结构层；右侧为对象视窗，显示左侧项目结构中对应项的内容。在 SIMATIC 管理器的运行界面内可以同时打开多个项目。

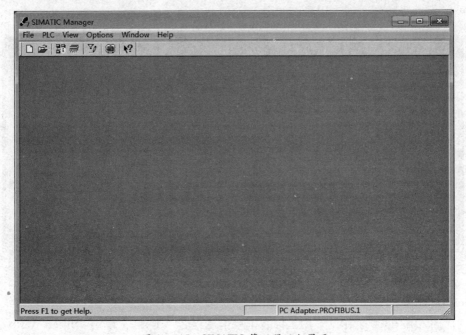

图 1—115 SIMATIC 管理器运行界面

单击"文件"或工具栏上的"新建"按钮，新建一个工程项目，命名为"PID"，类型默认为 Project。单击"Browse…"按钮选择工程保存地址，如图 1—116 所示。

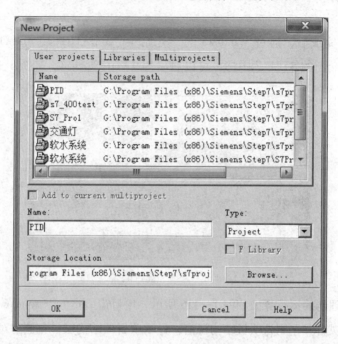

图 1—116 新建工程

单击"OK"按钮，新工程界面如图 1—117 所示。

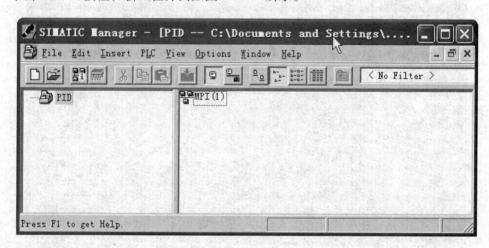

图 1—117 新工程界面

2. 硬件组态

（1）插入 S7-300 工作站。用鼠标右键单击工程名"Test"，单击"Insert New Object" "SIMATIC 300 Station"，如图 1—118 所示。

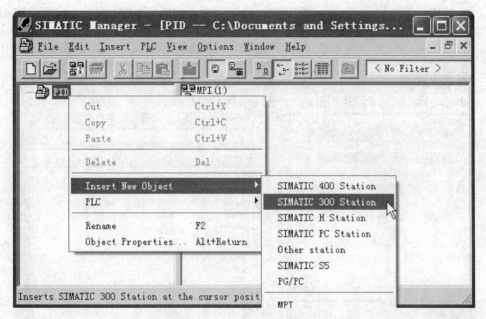

图 1—118　插入 S7-300 工作站

（2）在"HW Config"中插入 RACK-300 机架，如图 1—119 所示。

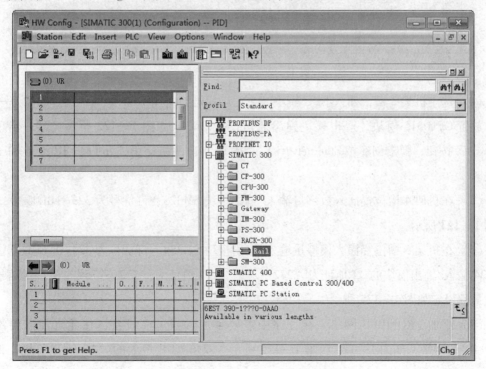

图 1—119　放置机架

（3）选中机架 1 槽，将 "PS 307 5A" 拖入槽中，如图 1—120 所示。实际没有用 PS 307，也需要增加这个模块。

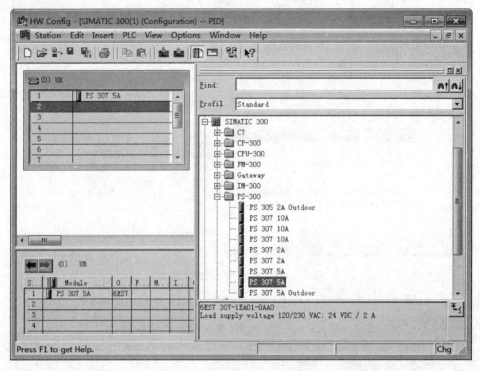

图 1—120　放置电源模块

（4）选中机架 2 槽，插入 CPU 模块。注意订货号与所用 PLC 保持一致。如图 1—121 所示放置 CPU 315 模块，双击模块弹出通信设置端口，如图 1—122 所示。第一步单击 "New…" 按钮，弹出创建 "Ethernet（1）"，确定创建网络；第二步设置 IP 地址和子网掩码。

（5）在机架 4 槽位置插入数字量输入/输出模块 SM323，订货号为 323-1BL00-0AA0，如图 1—123 所示。

（6）在机架 5 槽位置插入模拟量输入/输出模块 SM334，订货号为 334-0CE01-0AA0。SM334 输入/输出模块的 AI 地址为 "272…279"，AO 地址为 "272…275"。模拟量信号类型及量程设定如图 1—124 所示。

（7）添加 PROFIBUS 网络。在程序中需要添加远程 I/O 设备，在此之前需要添加 PROFIBUS 网络，如图 1—125 和图 1—126 所示。双击 CUP 里面的 "MPI/DP" 栏，弹出 MPI/DP 属性窗口，选择窗口中的 "PROFIBUS"，单击窗口中的属性选项，弹出 PROFI-BUS 属性窗口，单击 "New…" 创建 PROFIBUS 网络，选择地址 2。

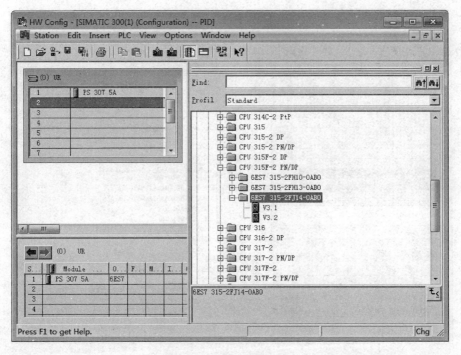

图 1—121　放置 CPU 模块

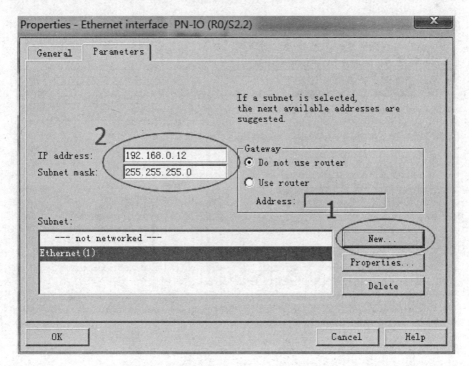

图 1—122　设置通信网络

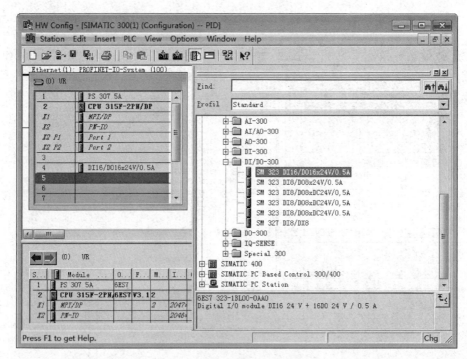

图1—123　放置数字量模块

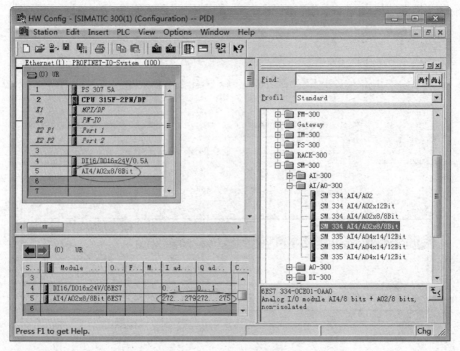

图1—124　放置模拟量模块

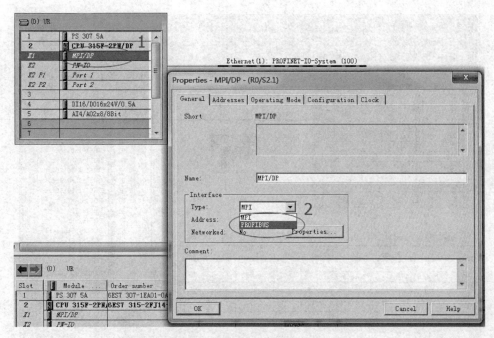

图1—125　添加PROFIBUS网络（一）

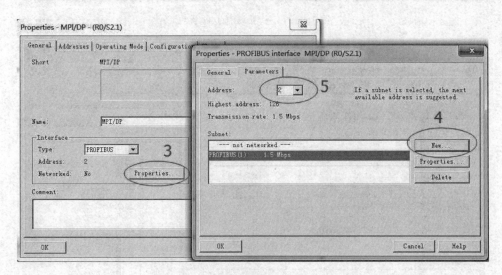

图1—126　添加PROFIBUS网络（二）

（8）如图1—127所示，在PROFIBUS网络上放置ET200S远程I/O。在标准配置文件中找到ET200S下方的模块IM151—1，订货号为151—1AA05—0AB0。

向远程I/O模块ET200S从站中插入模板。在1槽中插入PM－E DC24V电源，如图1—128所示。在2、3、4、5槽中分别插入AI、AO、DI、DO信号模块，如图1—129所示。最后的效果如图1—130所示。

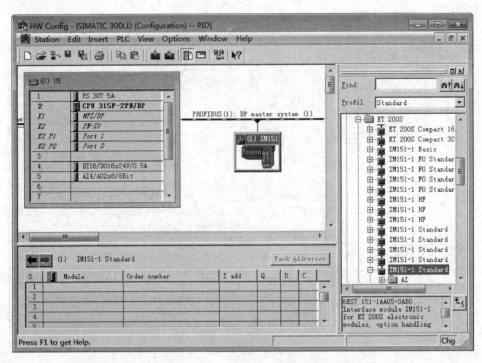

图 1—127　放置远程 I/O 模块

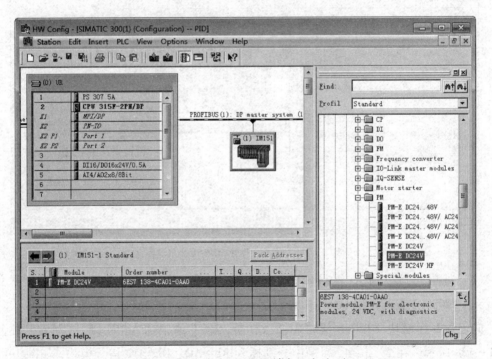

图 1—128　放置远程 I/O 模块从站（一）

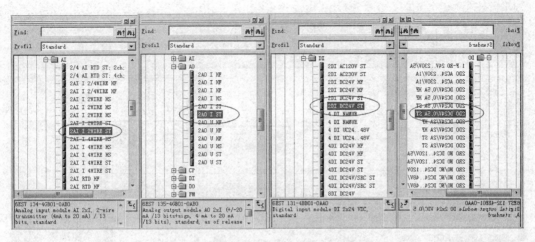

图 1—129　放置远程 I/O 模块从站（二）

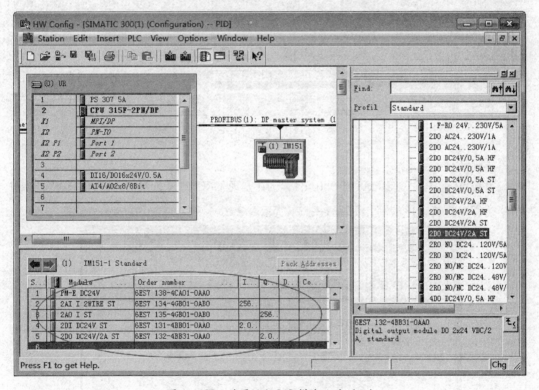

图 1—130　放置远程 I/O 模块从站（三）

（9）硬件编译与下载。将 PLC 的所有模块都配置完成后编译保存，编译和硬件组态下载如图 1—131 所示。

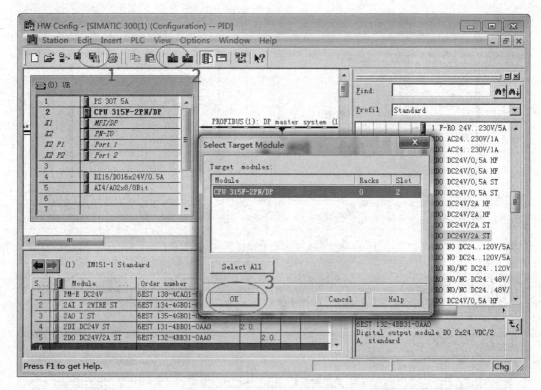

图 1—131　硬件组态下载

3. 软件编程

硬件配置完毕，"SIMATIC 300（1）"中出现 CPU 型号，展开至"Blocks"，双击"OB1"，即可进行程序编写，如图 1—132 所示。

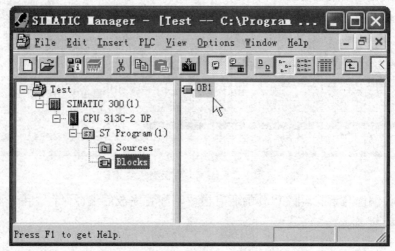

图 1—132　"OB1"中编程

如图 1—133 所示，在左侧资源管理器中选择 "S7 Program（1）"，双击 "Symbols" 图标，编辑全部输入/输出相关的全局变量，包括 I/O 地址、数据块重命名等，以使程序具有很好的可读性。

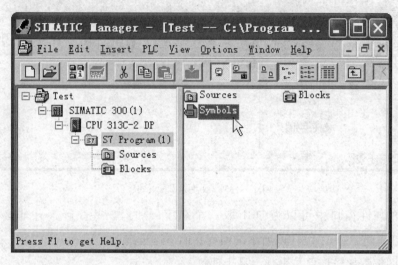

图 1—133　全局变量表 "Symbols"

建立所有需要用到的全局变量，先看如图 1—134 所示建好的 PID 程序全局变量表。其中 AI（SM334 模拟量输入）、AO（SM334 模拟量输出）变量地址都是 PIW、PQW 格式，表示这些变量使用的是硬件地址，格式是 16 进制数。PIW 表示输入，PQW 表示输出。具体含义见变量的注释。

S7 Program(1) (Symbols) -- PID\SIMATIC 300(1)\CPU 313C-2

	Status	Symbol △	Address	Data type	Comment
1		AI0	PIW 256	WORD	模拟量输入通道0
2		AI1	PIW 258	WORD	模拟量输入通道1
3		AI2	PIW 260	WORD	模拟量输入通道2
4		AI3	PIW 262	WORD	模拟量输入通道3
5		AO0	PQW 256	WORD	模拟量输出通道0
6		AO1	PQW 258	WORD	模拟量输出通道1
7		DI0	I 124.0	BOOL	数字量输入通道0
8		DI1	I 124.1	BOOL	数字量输入通道1
9		DI2	I 124.2	BOOL	数字量输入通道2
10		DI3	I 124.3	BOOL	数字量输入通道3
11		DO0	Q 124.0	BOOL	数字量输出通道0
12		DO1	Q 124.1	BOOL	数字量输出通道1
13		DO2	Q 124.2	BOOL	数字量输出通道2
14		DO3	Q 124.3	BOOL	数字量输出通道3

图 1—134　建好的 PID 程序全局变量表

（1）创建 PID 控制块

单击"Blocks"，双击里面的组织块"OB1"进入编辑环境，如图 1—135 所示。

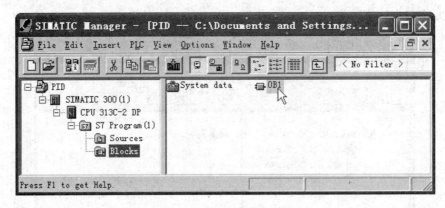

图 1—135　双击编辑组织块

在弹出的属性窗口中可以为 OB1 取一个名字，加入一些注释（并非必要）。单击"Close"按钮，进入如图 1—136 所示的编程界面。这里选择"View""LAD"梯形图编程语言。梯形图编程比较形象、直观，易于理解。

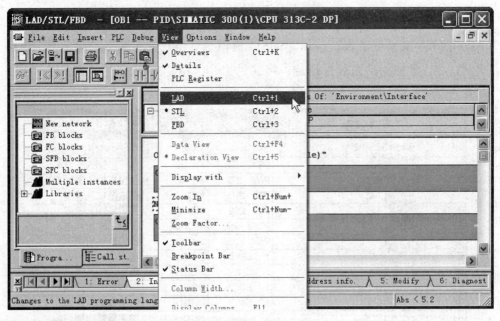

图 1—136　编程界面

要进行 PID 单回路控制的编程，首先要了解如何添加一个 PID 控制块。如图 1—137 所示，在左侧的分类目录中点选"Libraries > Standard Library > PID Control Blocks>FB41 CONT_ C ICONT"，将其拖拽到右侧代码区梯形图上，即可添加一个 PID 控制块。

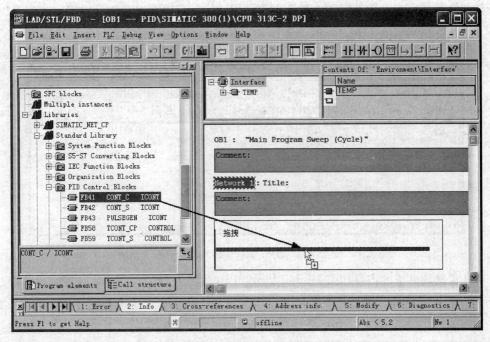

图 1—137 添加 PID 控制块

单击 PID 控制块顶端红色的"???",输入"DB1",系统提醒是否建立"INSTANCE DATA BLOCK",回答"YES",就可以创建一个 PID 的背景数据块,如图 1—138 所示。

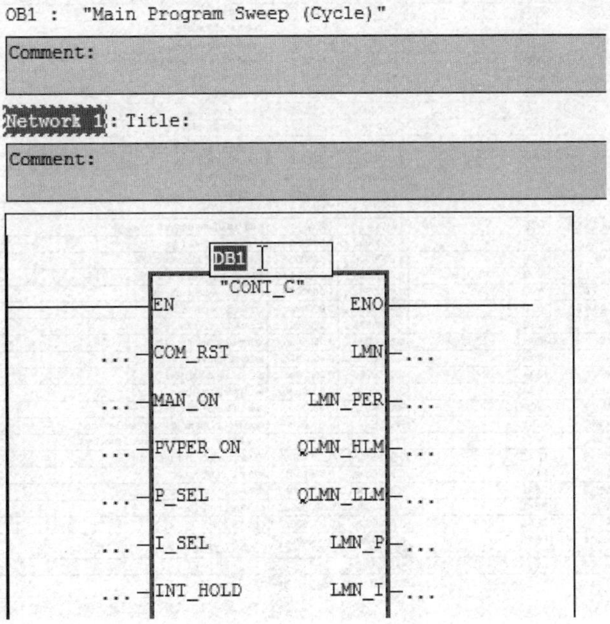

图 1—138 创建 PID 的背景数据块

PID 控制涉及的所有参数都存放在这个背景数据块中，可以在组态软件中控制这些参数。

如图 1—139 所示，双击"DB1"以访问 PID 的背景数据块。

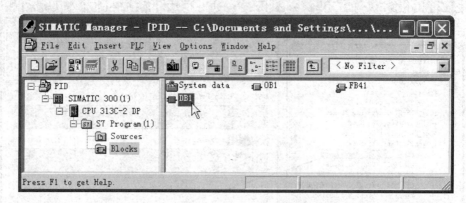

图 1—139　双击"DB1"以访问 PID 的背景数据块

PID 背景数据块的内容如图 1—140 所示。PID 的输入/输出、手/自动切换、参数、控制功能都能通过 DB1 中的数据进行控制。实际工程应用中，还需要增加手动/自动无扰切换控制。在手动时，SP（Set Point，设定值）跟随 MV（Manipulated Variable，操纵变量，

	Address	Declaration	Name	Type	Initial value	Actual value	Comment
1	0.0	in	COM_...	BOOL	FALSE	FALSE	complete restart
2	0.1	in	MAN_...	BOOL	TRUE	TRUE	manual value on
3	0.2	in	PVPER...	BOOL	FALSE	FALSE	process variable peripherie on
4	0.3	in	P_SEL	BOOL	TRUE	TRUE	proportional action on
5	0.4	in	I_SEL	BOOL	TRUE	TRUE	integral action on
6	0.5	in	INT_H...	BOOL	FALSE	FALSE	integral action hold
7	0.6	in	I_ITL_ON	BOOL	FALSE	FALSE	initialization of the integral action
8	0.7	in	D_SEL	BOOL	FALSE	FALSE	derivative action on
9	2.0	in	CYCLE	TIME	T#1S	T#1S	sample time
10	6.0	in	SP_INT	REAL	0.000000e...	0.000000e...	internal setpoint
11	10.0	in	PV_IN	REAL	0.000000e...	0.000000e...	process variable in
12	14.0	in	PV_PER	WORD	W#16#0	W#16#0	process variable peripherie
13	16.0	in	MAN	REAL	0.000000e...	0.000000e...	manual value
14	20.0	in	GAIN	REAL	2.000000e...	2.000000e...	proportional gain
15	24.0	in	TI	TIME	T#20S	T#20S	reset time
16	28.0	in	TD	TIME	T#10S	T#10S	derivative time
17	32.0	in	TM_LAG	TIME	T#2S	T#2S	time lag of the derivative action
18	36.0	in	DEAD_...	REAL	0.000000e...	0.000000e...	dead band width
19	40.0	in	LMN_...	REAL	1.000000e...	1.000000e...	manipulated value high limit
20	44.0	in	LMN_L...	REAL	0.000000e...	0.000000e...	manipulated value low limit
21	48.0	in	PV_FAC	REAL	1.000000e...	1.000000e...	process variable factor
22	52.0	in	PV_OFF	REAL	0.000000e...	0.000000e...	process variable offset
23	56.0	in	LMN_F...	REAL	1.000000e...	1.000000e...	manipulated value factor
24	60.0	in	LMN_...	REAL	0.000000e...	0.000000e...	manipulated value offset
25	64.0	in	I_ITLV...	REAL	0.000000e...	0.000000e...	initialization value of the integral action
26	68.0	in	DISV	REAL	0.000000e...	0.000000e...	disturbance variable
27	72.0	out	LMN	REAL	0.000000e...	0.000000e...	manipulated value
28	76.0	out	LMN_P...	WORD	W#16#0	W#16#0	manipulated value peripherie
29	78.0	out	QLMN...	BOOL	FALSE	FALSE	high limit of manipulated value reached
30	78.1	out	QLMN...	BOOL	FALSE	FALSE	low limit of manipulated value reached
31	80.0	out	LMN_P	REAL	0.000000e...	0.000000e...	proportionality component
32	84.0	out	LMN_I	REAL	0.000000e...	0.000000e...	integral component
33	88.0	out	LMN_D	REAL	0.000000e...	0.000000e...	derivative component
34	92.0	out	PV	REAL	0.000000e...	0.000000e...	process variable
35	96.0	out	ER	REAL	0.000000e...	0.000000e...	error signal
36	100.0	stat	sInvAlt	REAL	0.000000e...	0.000000e...	

图 1—140　PID 背景数据块的内容

通常是 PID 的输出值），MV 等于 MAN（手操作值）；自动时 MAN（手操作值）跟随 MV。

在接下来的编程中再逐步了解相关参数的使用方法。

（2）创建数值转换功能

1）数值转换功能的作用。液位 LT103 是 4～20 mA 信号，被模拟量输入/输出模块 SM334 采集后，数据范围是 5 530～27 648。因此，需要编写一个专门用来进行数值转换的功能（FC，类似于函数，可以被其他程序调用），把 5 530～27 648 数据转换成 PID 控制所需的 0～100 数据，并通过组态软件监控 0～100 数据，以符合人们的日常习惯。

在编写功能前，首先看一下该功能编写完成后的格式。如图 1—141 所示，FC201 即为数值转换功能。它有 IN、IN_ MIN、IN_ MAX、OUT_ MIN、OUT_ MAX 五个输入和 OUT 一个输出。其中：

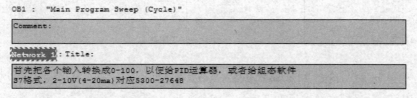

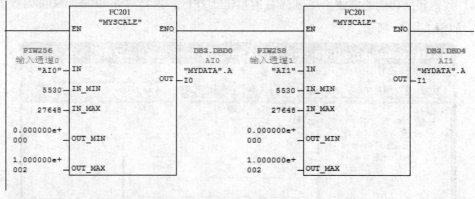

图 1—141　输入数值转换功能的使用

IN 表示需要进行转换的原始输入变量。

IN_ MIN 表示原始变量的下限值。

IN_ MAX 表示原始变量的上限值。

OUT_ MIN 表示转换成的目标变量的下限值。

OUT_ MAX 表示转换成的目标变量的上限值。

OUT 表示输出目标变量。

这段程序的意义如下：将 AI0（SM334 的 PIW256 输入通道 0）转换成 0~100 的数，存储到"MYDATA". AI0（DB3. DBD0）中；再将 AI1 转换成 0~100 的数，存储到"MYDATA". AI1 中。

同理，输出的数值转换功能如图 1—142 所示。

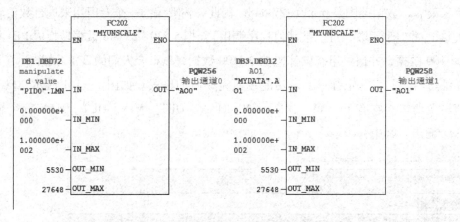

图 1—142 输出数值转换功能的使用

2）数值转换功能的创建。用鼠标右键单击工作区，选择"Insert New Object > Function"，如图 1—143 所示。

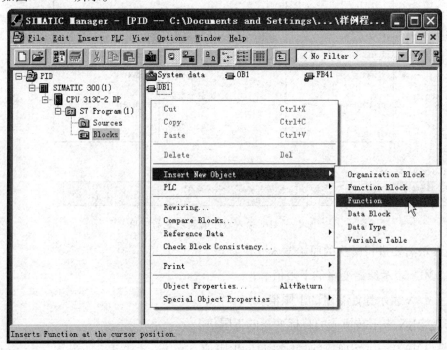

图 1—143 创建功能块

在弹出窗口中的 Name 区输入名称"FC201",也可以在 Symbolic Name 区输入一个容易记忆的名字,如"MYSCALE"。这个名称可以在程序中直接引用。具体操作如图 1—144所示。

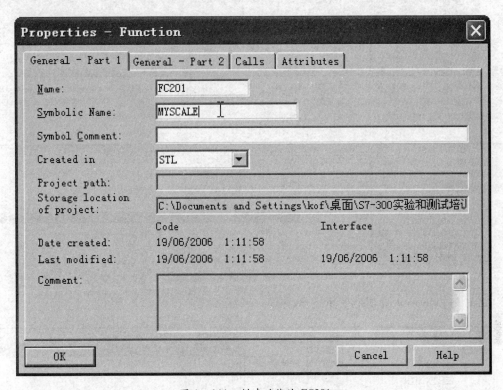

图 1—144　创建功能块 FC201

双击"FC201"图标,开始编辑。在顶部的临时变量区输入仅能用于本功能块中的临时变量。单击"Interface > IN",输入 IN、IN_ MIN、IN_ MAX、OUT_ MIN、OUT_MAX,如图 1—145 所示。特别要注意数据类型必须正确。

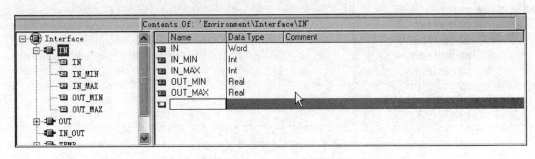

图 1—145　输入临时变量 IN

输入临时变量 OUT,如图 1—146 所示。

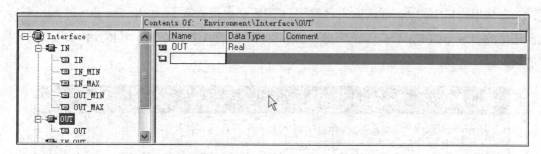

图 1—146 输入临时变量 OUT

输入临时变量 TEMP，如图 1—147 所示。

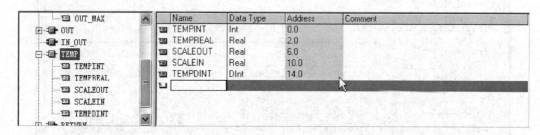

图 1—147 输入临时变量 TEMP

如图 1—148 所示为功能变量表全貌。

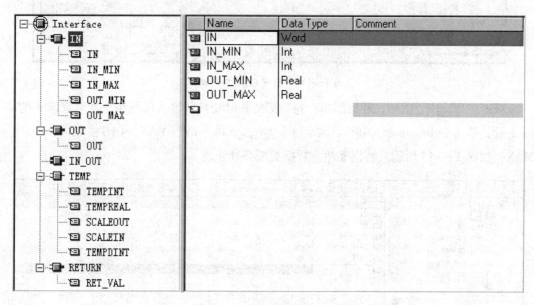

图 1—148 功能变量表全貌

3）编写梯形图程序。单击 Network 1 区域横线，选择工具栏上的 "Empty Box（Alt+F9）"，如图 1—149 所示。

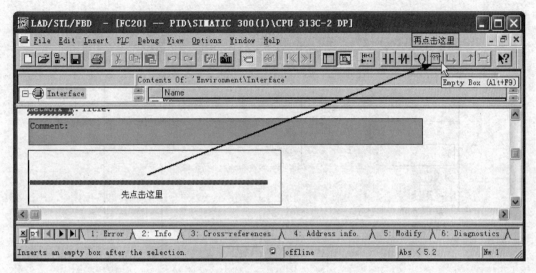

图 1—149　添加 Empty Box

在 Network 1 上会出现输入框，在其中输入 "SUB_ I"（见图 1—150），意思是整数的减法运算，按 "Enter" 键。

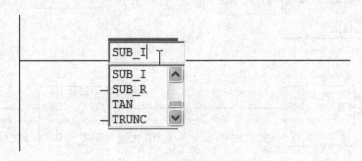

图 1—150　减法运算

单击红色的 "???"，输入变量值，如图 1—151 所示。输入第一个字母，系统会自动辅助用户输入其余字符。

按照上述方法，输入 Network 1 全部程序。

MOVE：将输入变量（左侧）的数值赋给输出变量（右侧）。

DI_ R：双精度整数转换为实数。

SUB_ R：实数减法运算。

为了使读者看得更清楚，这里将该行程序分成两行书写，如图 1—152 所示（以下多行程序同理）。在实际编程中这段代码只有一行。

程序的含义如下：

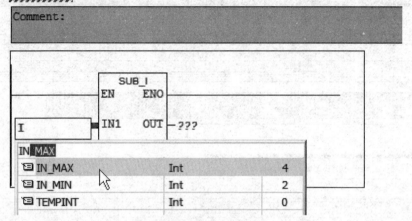

图 1—151 输入临时变量

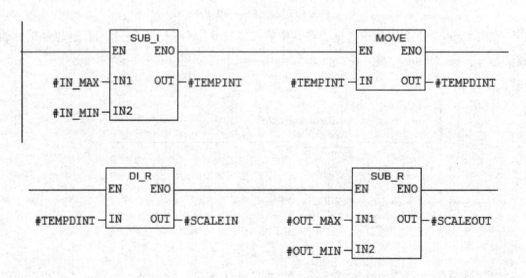

图 1—152 Network 1

TEMPINT = IN_ MAX-IN_ MIN

TEMPINT 是整数值，想将它转换为实数值。由于 INT 格式无法直接转换为 Real 格式，因此，应先将 TEMPINT 转换为双精度整数 TEMPDINT，再转换为实数 SCALEIN。

SCALEOUT = OUT_ MAX – OUT_ MIN

它们都是实数，可以直接相减。

然后输入 Network 2，如图 1—153 所示。其含义如下：

赋值：TEMPINT = IN

如果：TEMPINT < IN_ MIN

则：TEMPINT = IN_ MIN

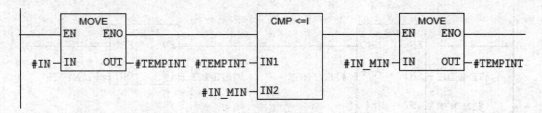

图 1—153　Network 2

输入 Network 3，如图 1—154 所示。其含义如下：

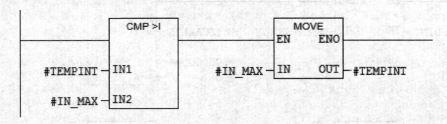

图 1—154　Network 3

如果：TEMPINT > IN_ MIN

则：TEMPINT = IN_ MAX

这里没有赋值 TEMPINT = IN，是因为 Network 2 已经做了这一步，所以不必重复。

这两段代码防止了输入值溢出，即如果 IN > IN_ MAX 或者 IN < IN_ MIN，则使用
IN_ MAX或者 IN_ MIN 来代替实际已经溢出的 IN 值。

最关键的是最后一行代码 Network 4，如图 1—155 所示。

下面分析这段代码：首先已经知道，IN 的值在 Network 2 和 Network 3 中已经赋值给了
TEMPINT。本行代码开始的 TEMPINT 即为输入值 IN。

转换公式为：

$$OUT = \frac{IN - IN\_ MIN}{IN\_ MAX - IN\_ MIN} \times (OUT\_ MAX - OUT\_ MIN) + OUT\_ MIN$$

DI_ R 的作用是将双精度整数值转换为实数值，以便进行 MUL_ R 乘法运算和
DIV_ R 除法运算。CMP > R 是比较指令，SCALEIN 作为分母，这里程序要求 SCAL
EIN > 0。

全部编辑完毕单击保存。

如图 1—156 所示为整个程序全貌，读者可自己动手编写一遍，真正掌握该功能的编
程方法。

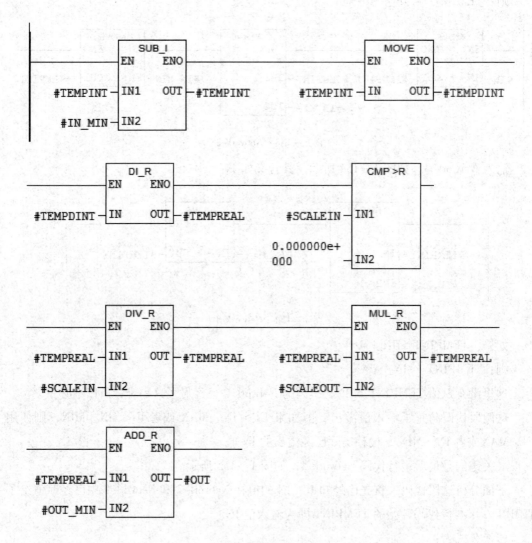

图 1—155　Network 4

用同样的方法，读者可以自行创建输出的数值转换功能。它们之间的区别在于：模拟量输入是把 Word 格式的（5 530~27 648）数据输入成为（0~100）实数值；而输出则相反，是将（0~100）实数值输出成为 Word 格式（5 530~27 648）数据。这里给出程序内容，如图 1—157~图 1—163 所示，供参考。

编程完毕单击保存，工作区中便添加了 FC201 和 FC202 两个功能供使用，如图 1—164 所示。其中的 FB41 是之前生成的系统 PID 控制块，DB1 是 FB41 的背景数据块，OB1 是主程序组织块。

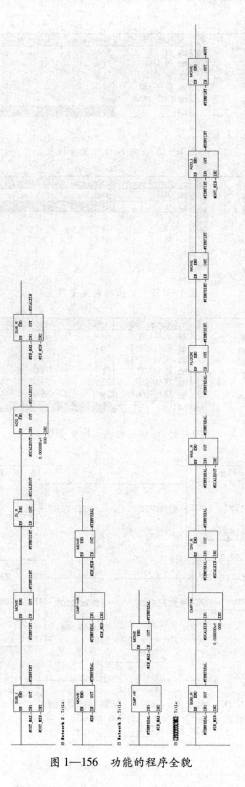

图 1—156　功能的程序全貌

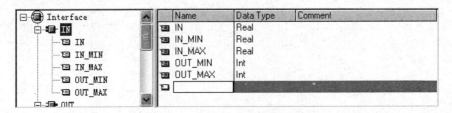

图 1—157　输入临时变量设置

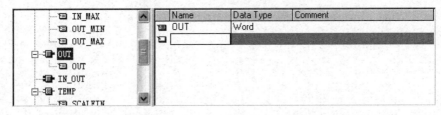

图 1—158　输出临时变量设置

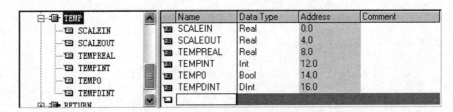

图 1—159　中间数据临时变量设置

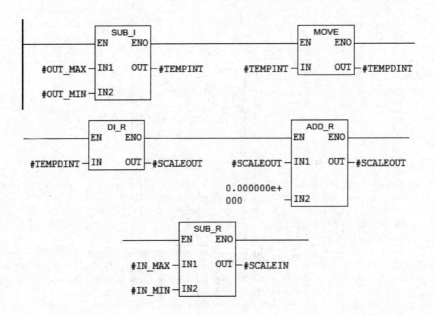

图 1—160　Network 1

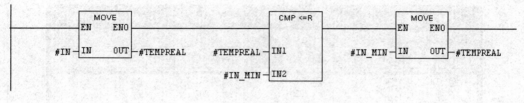

图 1—161　　Network2

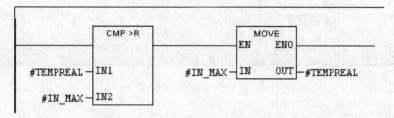

图 1—162　　Network3

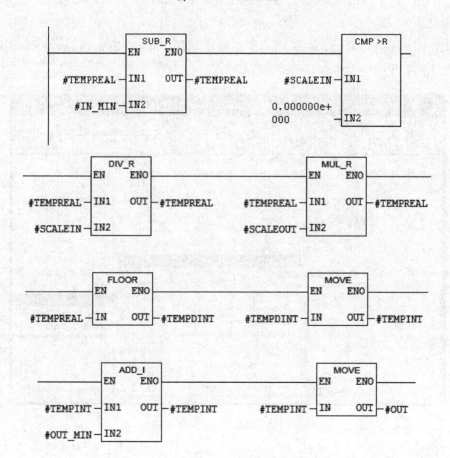

图 1—163　　Network 4

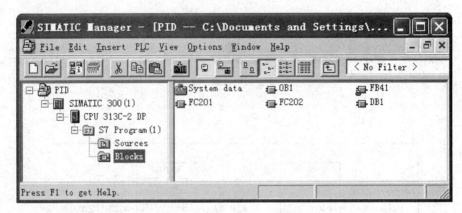

图 1—164 FC201 和 FC202

（3）单 PID 控制编程

1）在进行 OB1 的正式编程前，需要建立一个用户数据存储块，定义一些在编程中要用到的变量。

在工作区单击鼠标右键，在级联菜单中依次选择"Insert New Object > Data Block"，创建 Data Block 数据块，如图 1—165 所示。

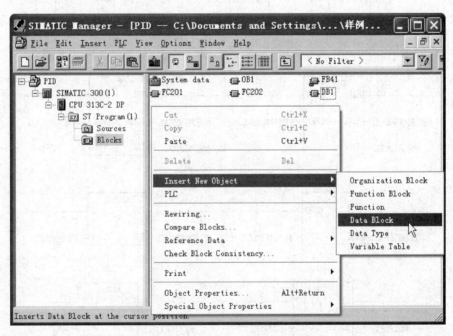

图 1—165 创建 Data Block 数据块

在弹出的对话框中输入 Name 和 Symbolic Name，可以根据自己的习惯输入。这里输入"DB3"和"MYDATA"，如图 1—166 所示。

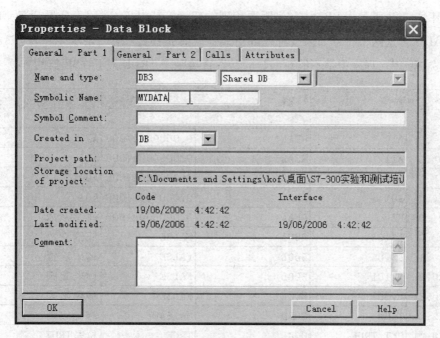

图 1—166 创建 Data Block 数据块

双击"DB3",进入数据块编辑界面。这里可以根据需要输入一些变量,以便 OB1 主程序存储使用,也可以供组态软件进行监控访问。

修改原来的一行内容,如图 1—167 所示。

Address	Name	Type	Initial value	Comment
0.0		STRUCT		
+0.0	AIO	REAL	0.000000e+000	AIO
=4.0		END_STRUCT		

图 1—167 修改后的数据块

单击鼠标右键,选择快捷菜单"Declaration Line after Selection",插入一行后进行修改,如图 1—168 所示。

Address	Name	Type	Initial value	Comment
0.0		STRUCT		
+0.0	AIO	REAL	0.000000e+000	AIO

Paste		Ctrl+V
Declaration Line before Selection		
Declaration Line after Selection		
Object Properties		Alt+Return

图 1—168 插入新的数据行

如图 1—169 所示为 DB3 中定义需要用到的变量。其中 Temp 用于分隔 SET_ TRUE 和 SET_ FALSE。这两个符号如果没有外部更改，就总是固定一个 TRUE 和一个 FALSE，以便在程序中使用。程序中是不能对函数的参数直接赋予 TRUE 或 FALSE 值的。

Address	Name	Type	Initial value	Comment
0.0		STRUCT		
+0.0	AI0	REAL	0.000000e+000	AI0
+4.0	AI1	REAL	0.000000e+000	AI1
+8.0	AO0	REAL	0.000000e+000	AO0
+12.0	AO1	REAL	0.000000e+000	AO1
+16.0	K2	REAL	0.000000e+000	前馈系数
+20.0	LS105	BOOL	FALSE	低限液位
+20.1	LS106	BOOL	FALSE	高限液位
+20.2	XV101	BOOL	FALSE	1#电磁阀
+20.3	XV102	BOOL	FALSE	2#电磁阀
+22.0	TEMP	WORD	W#16#0	2#电磁阀
+24.0	SET_TRUE	BOOL	TRUE	总是TRUE
+24.1	SET_FALSE	BOOL	FALSE	总是FALSE
=26.0		END_STRUCT		

图 1—169　DB3 中定义需要用到的变量

2）返回工作区，双击 OB1，开始编辑主程序。步骤如下：

◇将 AI0、AI1 两路模拟量输入转换为 0~100 的实数，再赋值给 MYDATA. AI0（即为 DB3 数据块中的用户自定义变量。也可以表示为 DB3. DBD0）和 MYDATA. AI1，以便组态软件获取这个数据。

◇PID 运算程序 FB41 CONT_ C，同时产生 DB1。如果用了两个 PID，就还产生一个 DB2。

◇将 PID 运算程序 FB41 输出的控制量 DB1. DBD72 转换为 5 530~27 648 的 Word 字，输出给 AO0。AO1 直接由组态软件给 DB3，从这里输出，因为某些时候需要控制一些其他相关量，如调压模块等。

相应的程序如图 1—170~图 1—172 所示。

编辑完成后单击保存，OB1 的编程就全部完成了。整个程序就是三个网络都由调用函数来实现，如果不想了解 PID 的 SCALE 和 UNSCALE 函数的具体实现方法，那么整个程序就非常简单。

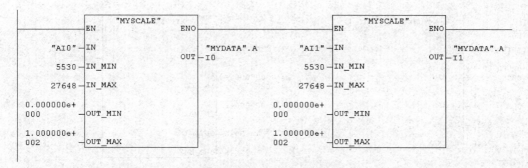

图 1—170　OB1 的 Network 1

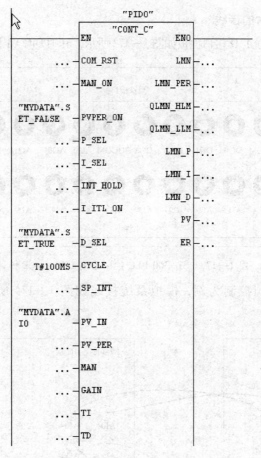

图 1—171　OB1 的 Network 2

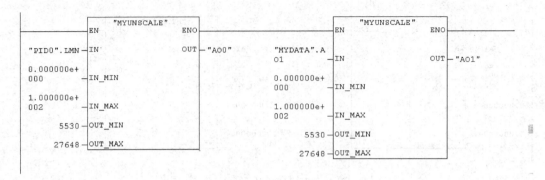

图 1—172　OB1 的 Network 3

4. 控制系统运行时的接线

S7-300 PLC 控制系统 I/O 接口面板如图 1—173 所示，其中 DICOM 接 24 V，DOCOM 接 GND。

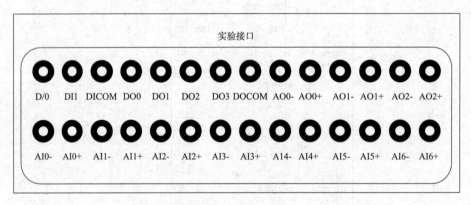

图 1—173　S7-300 PLC 控制系统 I/O 接口面板

以单容液位调节阀控制为例，模拟系统接线如图 1—174 所示，数字系统接线如图 1—175 所示。

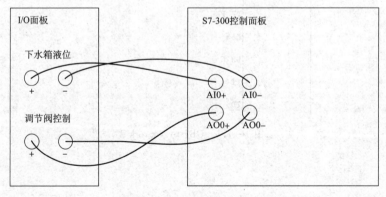

图 1—174　模拟系统接线

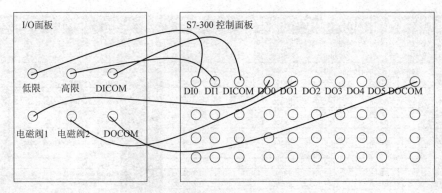

图 1—175　数字系统接线

5. 程序调试

在程序调试前,必须完成硬件组态及下载,并通过硬件组态中的监视和修改功能对硬件通道进行测试,测试成功再进行程序逻辑调试。STEP 7 主要提供了程序在线监控和变量表监控两种调试方式,图 1—176 所示为程序在线监控方式,图 1—177 所示为变量表监控方式。程序在线监控只能在屏幕上显示一小块程序,在调试较大程序时,不能同时显示感兴趣的全部变量。使用变量表监控没有程序监控方式直观,但可以同时监测、修改和强制多个变量。实践中可根据程序的大小程度,将两种方式结合使用。

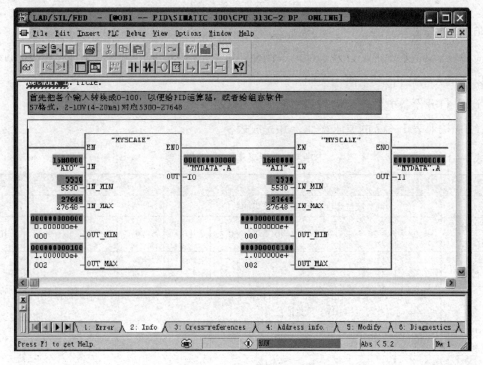

图 1—176　程序在线监控

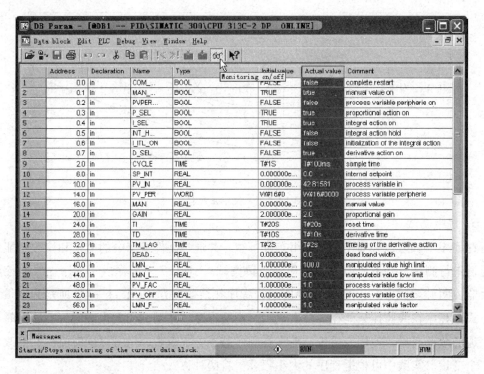

图 1—177 变量表监控

6. 操作步骤

（1）在现场系统上，打开手动调节阀 QV102、QV105，调节下水箱闸板 QV116 的开度（可以稍微大一些），其余阀门关闭。

（2）打开设备电源。启动右侧水泵 P102 和调节阀。

（3）按照表 1—17 的要求操作，并完成表格。

表 1—17   S7-300 数据采集与输出操作表

序号	操作						结果		备注	
1	调节液位高度，记录液位采集的数值									
液位百分比（%）	10	20	30	40	50	60	70	80	90	100
液位读取值										
2	编写 PLC 模拟量输出程序，要求将模拟量输出值放入变量名为 FV101 的辅助寄存器中。用 AQW0 控制电动调节阀，用 AIW0 采集液位值									
AQW0（%）	10	20	30	40	50	60	70	80	90	100
AIW0										

任务总结

根据表1—18完成任务报告。

表1—18 任务报告

任务					
姓名		单位		日期	
理论知识					
实训过程					
实训总结					
实训评价	实训准备工作	提前进入工位，准备好资料和工具；爱护实训环境和实训设备，保持环境整洁		20分	
	实训项目实施	掌握实训任务的理论知识，在规定的时间内完成实训任务；工作步骤清晰；能解决在实训过程中出现的问题；在实训过程中能很好地进行团队合作		60分	
	实训总结	叙述理论基础，总结实训步骤，记录实训结果，对实训进行总结		20分	
				总成绩	
				实训教师	

项目二

过程动态特性及建模实验

任务一　单容水箱液位动态特性测试实验

任务目标

1. 熟练掌握液位测量方法。
2. 熟练掌握调节阀流量调节特性。
3. 获得单容水箱液位数学模型。

实训设备

A3000-FS 常规现场系统，任意控制系统。

相关知识

1. 任务结构介绍

单容水箱液位数学模型测定实验如图 2—1 所示。水流入量 Q_i 由调节阀 FV101 控制，流出量 Q_o 则由用户通过闸板开度来改变。被调量为液位 H。分析液位在调节阀开度扰动下的动态特性。

直接在调节阀上加定值电流，从而使调节阀具有固定的开度（可以通过智能调节仪手动给定，或者 AO 模块直接输出电流）。

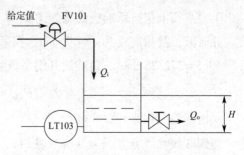

图 2—1　单容水箱液位数学模型测定实验

调整水箱出口闸板到一定的开度。

突然加大调节阀上所加的定值电流，观察液位随时间的变化，从而获得液位数学模型。

通过物料平衡推导出的公式如下：

$$Q_o = k\sqrt{H}, \quad Q_i = k_\mu\mu$$

$$\frac{dH}{dt} = \frac{1}{F}(k_\mu\mu - k\sqrt{H})$$

其中，F 是水槽横截面积；k_μ 是决定于阀门特性的系数，可以假定它为常数；k 是与负载阀开度有关的系数，在固定不变的开度下，k 可视为常数；μ 为调节阀开度。在一定液位下，考虑稳态起算点，公式可以转换成 $RC\dfrac{dH}{dt} + H = k_\mu R\mu$。

公式等价于一个 RC 电路的响应函数，$C = F$ 就是水容，$R = \dfrac{2\sqrt{H_0}}{k}$ 就是水阻。

如果通过对纯迟延惯性系统进行分析，则单容水箱液位数学模型可以用以下 s 函数表示：

$$G(s) = \frac{KR_0}{s(Ts + 1)}$$

其中 $G(s)$ 为传递函数，K 为放大倍数，R_0 为阶跃输入（常数），T 为时间常数。

理论计算可参考过程控制相关理论书籍。

2. 控制系统接线

控制系统接线见表 2—1。

表 2—1   控制系统接线

测量或控制量	测量或控制量标号	使用 PLC 端口	使用 ADAM 端口	内给定智能仪表端口
下水箱液位	LT103	AI0	AI0	PV
调节阀	FV101	AO0	AO0	MV

3. 参考结果

单容水箱液位阶跃响应曲线如图 2—2 所示。

此时液位测量高度为 184.5 mm，实际高度为 184.5 - 3.5 = 181 mm。实际开口面积为 5.5×49.5 = 272.25 mm²。负载阀开度系数为：

$$k = Q/\sqrt{H_{max}} = 6.68 \times 10^{-4} \ m^{2.5}/s$$

水槽横截面积为 0.206 m²。

得到非线性微分方程为（标准量纲）：

$$dH/dt = (0.000\,284 - 0.000\,668\sqrt{H})/0.206 = 0.001\,38 - 0.003\,24\sqrt{H}$$

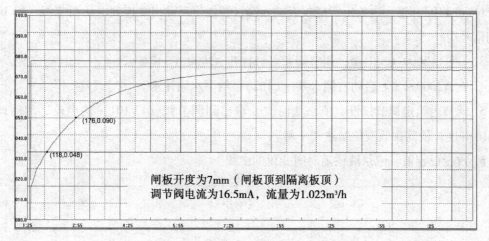

图 2—2　单容水箱液位阶跃响应曲线

进行线性简化，可以认为它是一阶惯性环节加纯迟延的系统 $G(s) = K_0 e^{-\tau s} / (T_0 s + 1)$。其中，$K_0$ 为放大倍数，T_0 为时间常数，τ 为滞后时间。

任务要求

1. 要求使用不同的给定值获得不同的曲线。

2. 给出数学模型。

任务实施

1. 在现场系统 A3000-FS 上，将手动调节阀 QV102、QV105 完全打开，使下水箱闸板具有一定开度，其余阀门关闭。

2. 在控制系统 A3000-CS 上，此处只给出智能仪表的接线。如图 2—3 所示，将下水

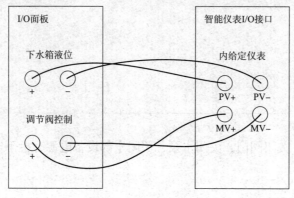

图 2—3　智能仪表的接线

箱液位（LT103）连到内给定智能仪表输入端，智能仪表输出端连到电动调节阀（FV101）控制信号端。

3. 打开 A3000-CS 电源，调节阀通电。打开 A3000-FS 电源。

4. 在 A3000-FS 上启动右侧水泵（P102），给下水箱注水。

5. 调节内给定调节仪设定值，从而改变输出到调节阀（FV101）的电流，然后调节 QV116 开度，使其在低液位时达到平衡。

6. 改变设定值，记录液位随时间变化的曲线。

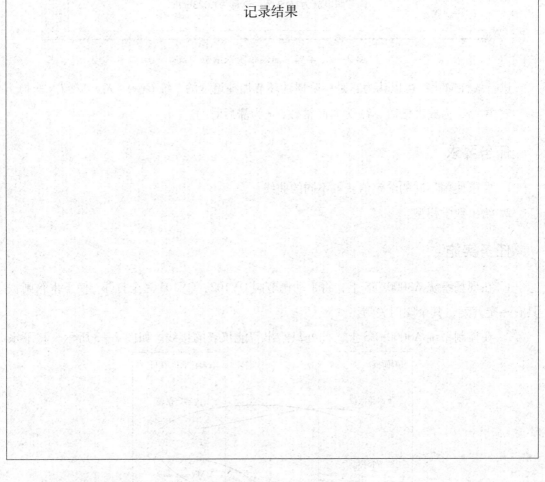

记录结果

7. 实验结束后，关闭阀门，关闭水泵，关闭全部设备电源，拆下实验连接线。

任务总结

根据表 2—2 完成任务报告。

表 2—2　　　　　　　　　　　　　　　任务报告

任务					
姓名		单位		日期	
理论知识					
实训过程					
实训总结					
实训评价	实训准备工作	提前进入工位，准备好资料和工具；爱护实训环境和实训设备，保持环境整洁		20分	
	实训项目实施	掌握实训任务的理论知识，在规定的时间内完成实训任务；工作步骤清晰；能解决在实训过程中出现的问题；在实训过程中能很好地进行团队合作		60分	
	实训总结	叙述理论基础，总结实训步骤，记录实训结果，对实训进行总结		20分	
				总成绩	
				实训教师	

任务二　双容水箱液位动态特性测试实验

任务目标

获得双容水箱液位数学模型。

实训设备

A3000-FS 常规现场系统，任意控制系统。

相关知识

1. 系统介绍

双容水箱液位数学模型测定实验如图 2—4 所示。水流入量 Q_i 由调节阀 FV101 控制，

流出量 $Q_\circ$ 则由用户通过闸板开度来改变。被调量为下水箱液位 H。分析液位在调节阀开度扰动下的动态特性。

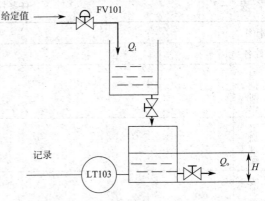

直接在调节阀上加定值电流，从而使调节阀具有固定的开度（可以通过智能调节仪手动给定，或者 AO 模块直接输出电流）。

调整水箱出口到一定的开度。

突然加大调节阀上所加的定值电流，观察液位随时间的变化，从而获得液位数学模型。

图2—4 双容水箱液位数学模型测定实验

通过物料平衡推导出的公式如下：

$$T_1 \frac{\mathrm{d}H}{\mathrm{d}t} + H_1 = k_\mu R_1 \mu$$

$$T_2 \frac{\mathrm{d}H}{\mathrm{d}t} + H_2 - rH_1 = 0$$

$$T_1 = F_1 R_1$$

$$T_2 = F_2 \frac{R_1 R_2}{R_1 + R_2}$$

$$r = \frac{R_2}{R_1 + R_2}$$

$$T_1 T_2 \frac{\mathrm{d}^2 H}{\mathrm{d}t^2} + (T_1 + T_2) \frac{\mathrm{d}H}{\mathrm{d}t} + T_2 H_2 = r k_\mu R_1 \mu$$

其中 R_1、R_2 为线性化水阻；T_1、T_2 分别为两个水箱的时间常数；k_μ 是决定于阀门特性的系数，可以假定它为常数；μ 为调节阀开度；F_1、F_2 为两个水槽的截面积。

2. 控制系统接线

控制系统接线见表2—3。

表2—3   控制系统接线

测量或控制量	测量或控制量标号	使用 PLC 端口	使用 ADAM 端口	内给定智能仪表端口
下水箱液位	LT103	AI0	AI0	PV
调节阀	FV101	AO0	AO0	MV

3. 参考结果

双容水箱液位阶跃响应曲线如图 2—5 所示。

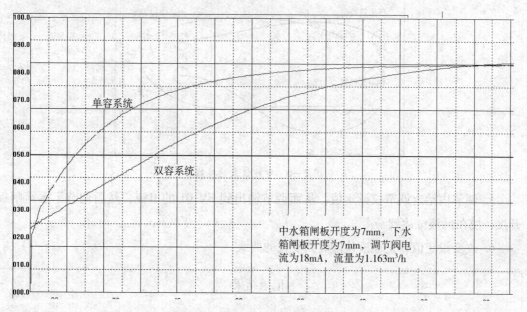

图 2—5 双容水箱液位阶跃响应曲线

平衡时液位测量高度为 215 mm，实际高度为 215-3.5=211.5 mm。对比单容实验，双容系统上升时间长，明显慢多了。但是在上升末端，还是具有近似于指数上升的特点。按照理论有一个拐点。

任务要求

1. 要求使用不同的给定值获得不同的曲线。

2. 给出双容水箱液位数学模型。

任务实施

1. 在现场系统 A3000-FS 上，将手动调节阀 QV102、QV107 完全打开，并使中水箱、下水箱闸板具有一定开度，其余阀门关闭。

2. 在控制系统 A3000-CS 上，此处只给出智能仪表的接线。如图 2—6 所示，将下水箱液位（LT103）连到内给定智能仪表输入端，智能仪表输出端连到电动调节阀（FV101）控制信号端。

3. 打开 A3000-CS 电源，调节阀（FV101）通电。打开 A3000-FS 电源。

4. 在 A3000-FS 上启动右侧水泵，给中水箱注水。下水箱由中水箱注水。

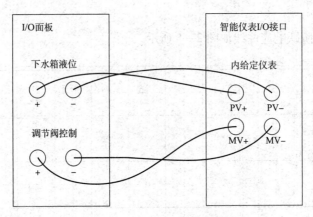

图 2—6 智能仪表的接线

5. 调节内给定调节仪设定值，从而调节输出到 FV101 的电流，然后调节下水箱闸板开度，使在低液位达到平衡。

6. 改变设定值，记录液位随时间变化的曲线。

记录结果

7. 实验结束后，关闭阀门，关闭水泵，关闭全部设备电源，拆下实验连接线。

任务总结

根据表 2—4 完成任务报告。

表 2—4   任务报告

任务					
姓名		单位		日期	
理论知识					
实训过程					
实训总结					
实训评价	实训准备工作	提前进入工位，准备好资料和工具；爱护实训环境和实训设备，保持环境整洁		20 分	
	实训项目实施	掌握实训任务的理论知识，在规定的时间内完成实训任务；工作步骤清晰；能解决在实训过程中出现的问题；在实训过程中能很好地进行团队合作		60 分	
	实训总结	叙述理论基础，总结实训步骤，记录实训结果，对实训进行总结		20 分	
				总成绩	
				实训教师	

任务三　锅炉温度动态特性实验

任务目标

测定锅炉与加热器对象数学模型。

实训设备

A3000-FS 常规现场系统，任意控制系统。

相关知识

1. 系统原理

由于静止水加热时冷热不均匀，因此使用动态水进行实验。锅炉与加热器对象数学模型实验如图 2—7 所示。

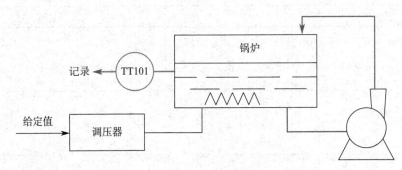

图 2—7　锅炉与加热器对象数学模型实验

通过热平衡推导出简单的关系：

$$P = Cm\Delta T + kT$$

其中，P 为加热功率；C 是水的比热；m 为水的质量；ΔT 是平均温度；k 为散热系数；T 为水温。

公式与水的比热容、质量、散热系数等有关，可以看成一阶惯性系统。在加热功率与散热功率相等时，温度不会再升高。温度变送器把被控变量 T 转换为电流信号 I。

简化公式可得：

$$I = k(1 - e^{-Tt}) + a$$

式中 a 为补偿系数。

研究的目的就是求出在一定质量下（如液位管内水距离下面的高度为 200 mm）上面公式中的 k、T 值。

2. 控制系统接线

控制系统接线见表 2—5。

表 2—5　　　　　　　　　　控制系统接线

测量或控制量	测量或控制量标号	使用 PLC 端口	使用 ADAM 端口	内给定智能仪表端口
锅炉温度	TE101	AI0	AI0	PV
调压器	BS101	AO0	AO0	MV

3. 参考结果

锅炉加热阶跃响应曲线如图 2—8 所示。

可以 50℃作为时间开始，12 mA 下近似得：

$$T = 10(1 - e^{-t/660}) + 50$$

从 30℃开始，则近似得：

$$T = 3.75(1 - e^{-t/660})$$

传递函数为：

$$H(s) = \frac{2475}{s(s + 660)}$$

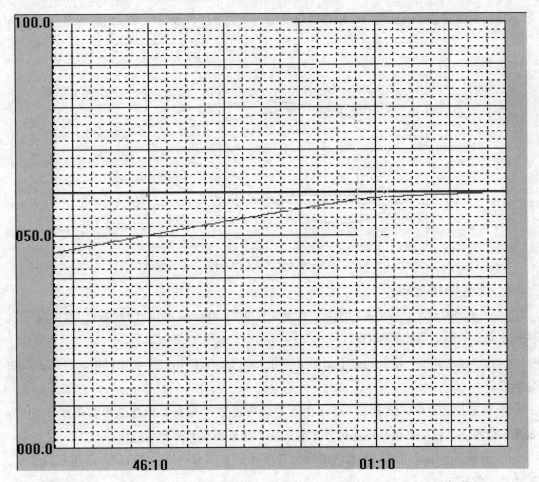

图 2—8　锅炉加热阶跃响应曲线

任务要求

1. 要求使用不同的给定值获得不同的曲线。
2. 给出锅炉与加热器对象数学模型。

任务实施

1. 在 A3000-FS 上，将手动调节阀 QV115、QV112 及电磁阀 XV101 完全打开，其余阀门关闭。

2. 按照测量列表连线。在 A3000-CS 上，此处只给出智能仪表的接线。如图 2—9 所示，将锅炉温度输出端连到内给定智能仪表输入端，智能仪表输出端连到调压器。

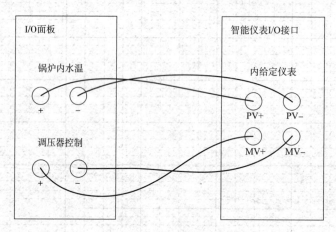

图 2—9 智能仪表的接线

3. 打开 A3000 电源。

4. 在 A3000-FS 上启动左侧水泵，给锅炉注水到 200 mm 高度（液位计中液位高度）；关闭水泵，关闭手动调节阀 QV115。

注意：注水高度一定要超过下面的液位开关高度；否则，由于联锁保护，将无法启动加热器。

5. 调节仪置手动，设定 12 mA（由于系统保温效果很好，因此这个数值要小一些；如果该值很大，就会在很高的温度下才能平衡，甚至到水沸腾方可）。

6. 为使温度保持均匀，在加热时可打开手动调节阀 QV114、QV112，启动左侧水泵，形成热水循环回路。

7. 参照项目一中组态上位机程序，在趋势曲线中记录温度与控制量随时间变化的曲线。

记录结果

8. 实验结束后，关闭阀门，关闭水泵，关闭全部设备电源，拆下实验连接线。

任务总结

根据表 2—6 完成任务报告。

表 2—6   任务报告

任务						
姓名		单位			日期	
理论知识						

续表

实训过程				
实训总结				
实训评价	实训准备工作	提前进入工位，准备好资料和工具；爱护实训环境和实训设备，保持环境整洁	20分	
	实训项目实施	掌握实训任务的理论知识，在规定的时间内完成实训任务；工作步骤清晰；能解决在实训过程中出现的问题；在实训过程中能很好地进行团队合作	60分	
	实训总结	叙述理论基础，总结实训步骤，记录实训结果，对实训进行总结	20分	
			总成绩	
			实训教师	

任务四　滞后对象动态特性测试实验

任务目标

测定滞后管数学模型。

实训设备

A3000-FS 常规现场系统，任意控制系统。

相关知识

1. 系统介绍

根据滞后管特性，滞后管出口温度将跟踪锅炉内温度，并延迟一定的时间，这个时间可以认为与温度值无关。但是由于滞后管经过了散热，温度会降低一定的数值，该数值是温度的函数，可以认为是线性函数，通过测量确定系数。滞后管数学模型实验如图2—10所示。

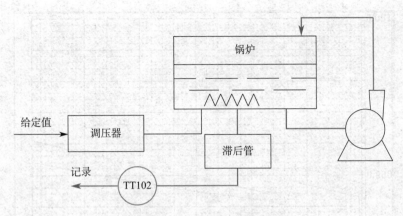

图 2—10   滞后管数学模型实验

实验的目的是测量出滞后管的滞后时间以及滞后管的温度与锅炉内温度的变化幅度。在温度小范围变化的情况下，这种滞后可以认为是一个延迟一定时间、波形幅度等比例减小的模型：

$$T = kT_g(t - \tau) - T_k \ (k < 1)$$

其中，k 为散热系数，τ 是滞后时间常数，T_g 和 T_k 是滞后管中两点温度。

2. 控制系统接线

控制系统接线见表 2—7。

表 2—7   控制系统接线

测量或控制量	测量或控制量标号	使用 PLC 端口	使用 ADAM 端口	智能仪表	
				内给定	外给定
锅炉温度	TE101	AI1	AI1	PV	
调压器	BS101	AO0	AO0	MV	
滞后管温度	TE102	AI0	AI0		PV

3. 参考结果

以下是 A3000 早期版本的结果，可以作为参考。

锅炉加热与一段滞后管（最小延迟时间）特性测量曲线如图 2—11 所示。

从曲线可以得到流出滞后管的温度

$$T_0 = T_g(t - \tau) - T_k = 0.9T(t - 54.5)$$

锅炉加热与两段滞后管（最大延迟时间）特性测量曲线如图 2—12 所示。

从曲线可以看出，尽管两段滞后管是一段的两倍长，但是延迟时间增大很多倍，而且温度下降更多。延迟时间为 119.2 s，衰减到 0.885，$T_{滞后} = 0.885T \ (t - 119.2)$。

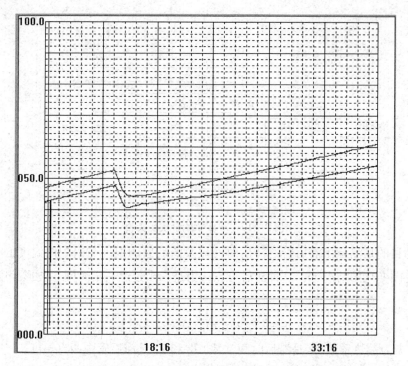

图 2—11　锅炉加热与一段滞后管特性测量曲线

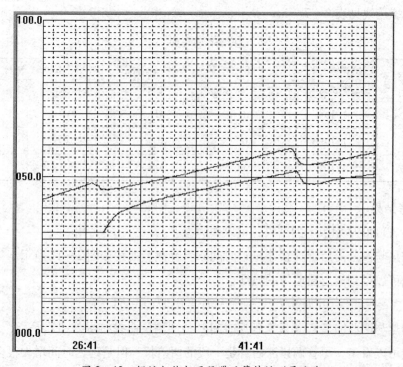

图 2—12　锅炉加热与两段滞后管特性测量曲线

任务要求

1. 滞后管数学模型实验。
2. 给出准确的滞后时间参数。

任务实施

1. 在 A3000-FS 上，将手动调节阀 QV115、QV112、QV122、QV121 及电磁阀 XV101 完全打开，其余阀门关闭。

2. 按照测量列表连线。在 A3000-CS 上，此处只给出智能仪表的接线。如图 2—13 所示，将锅炉温度输出端连接到内给定智能仪表输入端，智能仪表输出端连接到调压器；滞后管水温连接到外给定智能仪表。

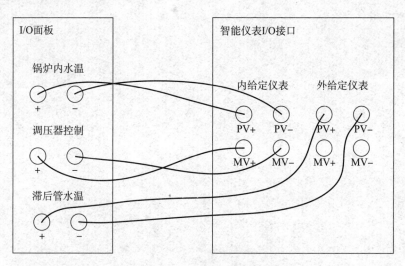

图 2—13　智能仪表的接线

3. 在 A3000-CS 上打开调压器开关，选择输入模式为电流。打开 A3000 电源。

4. 在 A3000-FS 上启动左侧水泵，给锅炉注水到 300 mm 高度（液位计液位高度）。关闭水泵，关闭手动调节阀 QV115。

注意：往锅炉内注水时应多一些，以免滞后管流出水后会使锅炉液位低于下液位高度。

5. 设定内给定调节仪的设定值，给调压器加给定电流，开始加热。当加热到 70℃ 左右时，将调压器的控制电流设置为 4 mA。

6. 为使温度保持均匀，在加热过程中可打开手动调节阀 QV114、QV112，启动左侧水泵，形成水循环回路。

7. 在 A3000-FS 上打开手动调节阀 QV102 及 XV102 电磁阀，启动右侧水泵，向锅炉注入冷水，使锅炉内温度快速降低 5~10℃，然后关闭右侧水泵。

8. 关闭手动调节阀 QV121，打开手动调节阀 QV120，重复实验步骤 6~7。

9. 参照项目一中组态上位机程序，记录温度曲线。

记录结果

10. 实验结束后，关闭阀门，关闭水泵，关闭全部设备电源，拆下实验连接线。

任务总结

根据表 2—8 完成任务报告。

表 2—8　　　　　　　　　　　　　　任务报告

任务					
姓名		单位		日期	
理论知识					
实训过程					
实训总结					
实训评价	实训准备工作	提前进入工位，准备好资料和工具；爱护实训环境和实训设备，保持环境整洁		20分	
	实训项目实施	掌握实训任务的理论知识，在规定的时间内完成实训任务；工作步骤清晰；能解决在实训过程中出现的问题；在实训过程中能很好地进行团队合作		60分	
	实训总结	叙述理论基础，总结实训步骤，记录实训结果，对实训进行总结		20分	
				总成绩	
				实训教师	

项目三

简单控制系统设计

任务一　单容液位调节阀 PID 单回路控制系统

任务目标

1. 了解液位的动态响应特性。
2. 了解单回路控制系统的组态、投运过程。
3. 掌握比例作用、比例积分作用的控制规律和控制器参数的经验整定。

实训设备

A3000–FS 常规现场系统，任意控制系统。

相关知识

在工程实际中，应用最为广泛的调节器控制规律为比例、积分和微分控制规律，简称 PID。即使是科学技术飞速发展、许多新的控制方法不断涌现的今天，PID 作为最基本的控制方式仍显示出强大的生命力。

1. PID 调节器的基本控制规律

（1）基本控制规律及其动态方程

1）比例控制规律。比例控制规律的动态方程为：

$$u(t) = K_{\mathrm{P}}e(t)$$

式中 K_{P} 为比例增益，e 是输入的偏差信号。比例控制是一种有差调节，比例调节的余

差随着比例增益 K_P 的增大而减小。比例增益 K_P 越大，控制作用越强，执行器的动作幅度越大，被调变量变化较为剧烈，甚至可能造成闭环系统不稳定。

2）积分控制规律。积分控制规律的动态方程为：

$$u(t) = \frac{1}{T_I} \int_0^t e(t) \, \mathrm{d}(t)$$

T_I 为积分速度，积分控制的作用是消除偏差。T_I 越小，积分作用越强，在偏差相同的情况下，执行器的动作速度加快，但会增加调节过程的振荡，导致系统稳定性降低。

3）微分控制规律。微分控制规律的动态方程为：

$$u(t) = T_D \frac{\mathrm{d}e(t)}{\mathrm{d}t}$$

T_D 为微分速度，微分控制作用能反映偏差信号的变化趋势，并能在偏差信号值变得太大之前在系统中引入一个有效的早期修正信号，从而加快系统的动作速度，减少调节时间。微分时间常数 T_D 越大，控制作用越强，执行器的动作幅度越大，被调变量变化较为剧烈，甚至可能造成闭环系统不稳定。

（2）调节规律的确定原则

通常，调节规律的确定应根据对象特性、负荷变化、主要扰动以及控制要求等具体情况具体分析，同时还应考虑系统的经济性以及系统投入运行方便等因素。因此，调节规律的确定是一件复杂的工作，需要综合多种因素才能得到比较合理的解决方案。下面给出一般性的确定原则。

1）当广义过程控制通道时间常数较大或容积迟延较大时，应引入微分调节。若工艺允许有静差，可选用 PD 调节；若工艺要求无静差，可选用 PID 调节。如温度、成分、pH 等控制过程可纳入此类范畴。

2）当广义过程控制通道时间常数较小，负荷变化不大，且工艺要求允许有静差时，可以选择 P 调节，如储罐压力、液位等过程一般即属于此。

3）当广义过程控制通道时间常数较小，负荷变化不大，但工艺要求无静差时，可以选用 PI 调节。如管道压力和流量的控制过程可属此列。

4）当广义过程控制通道时间常数很大，且纯迟延较大，负荷变化也剧烈时，简单控制系统就难以满足工艺要求，应采用复杂控制系统或其他控制方案。

5）若广义过程的传递函数表示为 $G(s) = \dfrac{K_0 e^{-\tau s}}{T_0 s + 1}$ 形式时，则可根据 τ / T_0 的比值来选择调节规律。当 $\tau / T_0 < 0.2$ 时，可选用 P 或 PI 调节规律；当 $0.2 < \tau / T_0 < 1.0$ 时，可选用 PD 或 PID 调节规律；当 $\tau / T_0 > 1.0$ 时，简单控制系统一般难以满足要求，应采用其他控制

方式，如串级控制、前馈—反馈复合控制等。

2. PID 参数整定

调节器参数整定是过程控制系统设计的核心内容之一。它的任务是根据被控过程的特性确定 PID 调节器比例度 δ、积分时间 T_I 及微分时间 T_D 的大小。

调节器参数的整定方法除理论计算法外，主要有工程整定法、最佳整定法和经验法三种。其中，工程整定法又分为临界比例度法、衰减曲线法和反应曲线法。

（1）临界比例度法

临界比例度法整定步骤如下：

1）先将调节器的积分时间 T_I 置于最大（$T_I = \infty$），微分时间 T_D 置零（$T_D = 0$），比例度 δ 置为较大的数值，使系统投入闭环运行。

2）待系统运行稳定后，对设定值施加一个阶跃扰动，并减小 δ，直到系统出现如图 3—1 所示的等幅振荡（即临界振荡）过程，记录下此时的 δ_K（临界比例带）和等幅振荡周期 T_K。

3）根据所记录的 δ_K 和 T_K，按表 3—1 给出的经验公式计算出调节器的参数 δ、T_I 和 T_D。

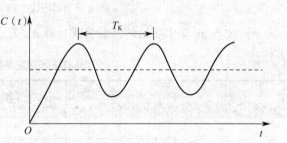

图 3—1 系统临界振荡曲线

表 3—1　　　　　　　　　　采用临界比例度法的整定参数

整定参数 调节规律	δ（%）	T_I	T_D
P	$2\delta_K$		
PI	$2.2\delta_K$	$0.85 T_K$	
PID	$1.7\delta_K$	$0.5 T_K$	$0.125 T_K$

（2）衰减曲线法

这种方法与临界比例度法相似，所不同的是无须出现等幅振荡过程。具体整定方法如下：

1）先置调节器积分时间 $T_I = \infty$，微分时间 $T_D = 0$，比例度 δ 置于较大当选值，将系统投入运行。

2）待系统工作稳定后，对设定值做阶跃扰动，然后观察系统的响应。若响应振荡衰减太快，就减小比例度；反之，则增大比例度。如此反复，直到出现如图 3—2a 所示的衰减比为 4：1 的振荡过程，或者如图 3—2b 所示的衰减比为 10：1 的振荡过程时，记录下此时的 δ 值（设为 δ_s）及 T_s、T_r 值。

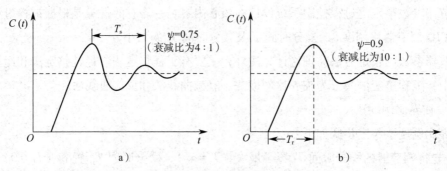

图 3—2　系统衰减振荡曲线

a）4：1 衰减曲线　　b）10：1 衰减曲线

3）按表 3—2 中所给的经验公式计算 δ、T_I 及 T_D。

表 3—2　　　　　　　　　　衰减曲线法整定参数计算公式

衰减率 ψ	整定参数 调节规律	δ（%）	T_I	T_D
0.75	P	δ_s		
	PI	$1.2\delta_s$	$0.5T_s$	
	PID	$0.8\delta_s$	$0.3T_s$	$0.1T_s$
0.90	P	δ_s		
	PI	$1.2\delta_s$	$2T_r$	
	PID	$0.8\delta_s$	$1.2T_r$	$0.4T_r$

衰减曲线法对多数过程都适用。该方法的最大缺点是较难准确确定 4：1（或 10：1）的衰减程度，从而较难得到准确的 δ 值和 T_s（或 T_r）值。尤其对于一些扰动比较频繁、过程变化较快的控制系统，不宜采用此法。

（3）经验法

需要指出的是，无论是采用哪一种工程整定方法所得到的调节器参数，都需要在系统的实际运行中，针对实际的过渡过程曲线进行适当的调整与完善，调整的经验准则是"看曲线，调参数"。

1）比例度 δ 越大，过渡过程越平缓，稳态误差越大；反之，过渡过程振荡越激烈，稳态误差越小；若 δ 过小，则可能导致发散振荡。

2）积分时间 T_I 越大，积分作用越弱，过渡过程越平缓，消除稳态误差越慢；反之，过渡过程振荡越激烈，消除稳态误差越快。

3）微分时间 T_D 越大，微分作用越强，过渡过程区域稳定，最大偏差越小；但 T_D 过大，则会增加过渡过程的波动程度。

常用口诀：

参数整定找最佳，从小到大顺序查；

先是比例后积分，最后再把微分加；

曲线振荡很频繁，比例度盘要放大；

曲线漂浮绕大弯，比例度盘往小扳；

曲线偏离回复慢，积分时间往下降；

曲线波动周期长，积分时间再加长；

曲线振荡频率快，先把微分降下来；

动差大来波动慢，微分时间应加长；

理想曲线两个波，前高后低 4 比 1；

一看二调多分析，调节质量不会低。

3. 单容水箱液位定值控制设计

如图 3—3 所示为单容水箱液位定值（随动）控制实验，可定性分析 P、PI、PID 控制器特性。

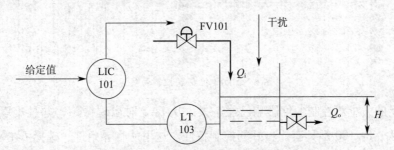

图 3—3　单容水箱液位定值控制实验

水流入量 Q_i 由调节阀 FV101 控制，流出量 Q_o 则由用户通过负载阀来改变。被调量为液位 H。使用 P、PI、PID 控制，看控制效果，进行比较。

控制策略使用 PI、PD、PID 调节。

实际上，可以通过控制连接到水泵上的变频器来控制压力，效果可能更好。

4. 参考结果

下闸板顶到铁槽顶距离（开度）为 5～6 mm。比例控制器控制曲线如图 3—4 所示。多个 P 值的控制曲线绘制在同一个图上。

从图可见 $P=16$ 时，有振荡趋势；$P=24$ 时比较好。残差约为 8%。

PI 控制器控制曲线如图 3—5 所示。选择 $P=24$，然后把 I 从 1 800 逐步减小。

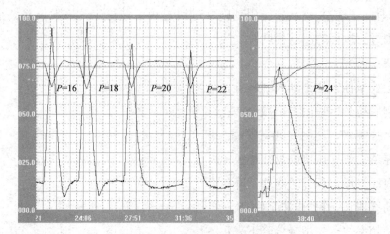

图3—4 比例控制器控制曲线

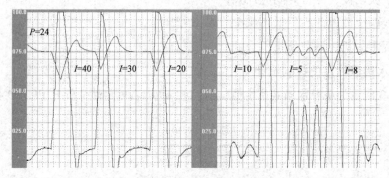

图3—5 PI控制器控制曲线

在这里 I 的大小对控制速度影响已经不大。从 $I=5$ 时出现振荡，并且难以稳定。I 的选择范围很大，8~100都具有比较好的控制特性。这里从临界条件，选择 I 在 8~20。

PID控制器控制曲线如图3—6所示。$P=24$，$I=20$，$D=2$（或4）都具有比较好的效

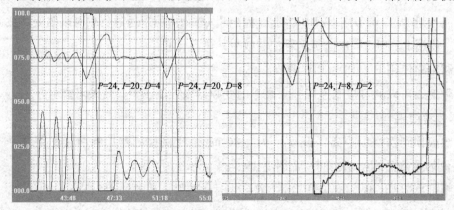

图3—6 PID控制器控制曲线

果。从控制量来看，$P = 24$，$I = 8$，$D = 2$ 比较好。

任务要求

1. 使用 S7-300 PLC 控制器设计单容液位调节阀 PID 单回路控制。

2. 使用比例控制进行单溶液位控制，要求能够得到稳定曲线及振荡曲线。

3. 使用比例积分控制进行流量控制，要求能够得到稳定曲线。设定不同的积分参数进行比较。

4. 使用比例积分微分控制进行流量控制，要求能够得到稳定曲线。设定不同的积分参数进行比较。

任务实施

1. 画面设计

参考项目一中上位机设计方法组态上位机画面，如图 3—7 所示。

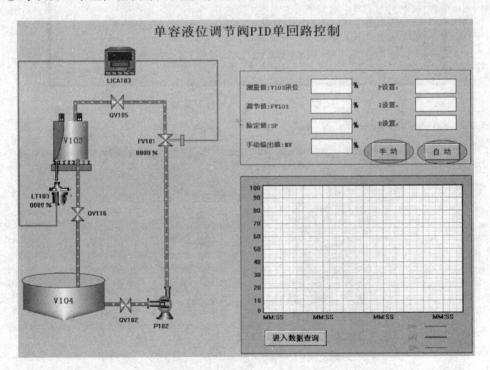

图 3—7　单容液位调节阀 PID 单回路控制

2. I/O 设备定义

前面的实训任务中重点讲解了智能仪表与 DDC 控制系统的 I/O 设备和数据变量的定义方法，本次任务中将重点设计 S7-300 PLC 的 I/O 设备和数据变量的定义方法。

运行组态王 6.55 软件，弹出组态王工程管理器。单击"新建"按钮，输入保存路径和名称等，即可建立一个新的组态工程。

双击该工程，进入组态王工程浏览器。

在"工程浏览器"窗口中，选择左侧大纲项"设备"中的"COM1"，在"工程浏览器"窗口右侧双击"新建..."图标，运行"设备配置向导"，如图 3—8 所示。

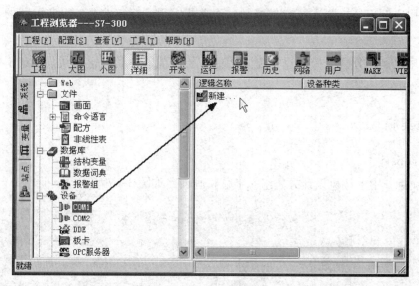

图 3—8　"工程浏览器"窗口

选择"PLC""西门子""S7-300（TCP）""TCP"，如图 3—9 所示。

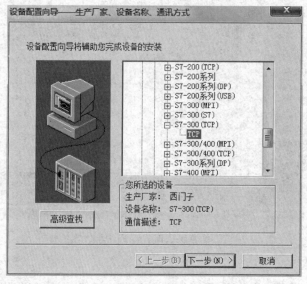

图 3—9　设备配置向导——产品和通信

单击"下一步"按钮，弹出"逻辑名称"对话框，可任意输入一个名称。这里输入"S7300"，如图 3—10 所示。

图 3—10　设备配置向导——逻辑名称

单击"下一步"按钮，弹出"选择串口号"对话框，如图 3—11 所示。为设备选择连接串口为 COM1。

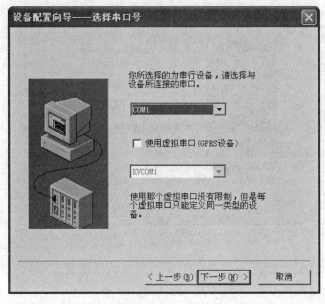

图 3—11　设备配置向导——选择串口号

选择完毕单击"下一步"按钮，弹出"设备地址设置指南"对话框，如图3—12所示。设备地址格式为 PLC 的 IP 地址：CPU 机架号：CPU 槽号，即"XXX.XXX.XXX.XXX：Y：Z"（XXX：0~255。Y：0~21。Z：0~18）。填写设备地址，输入"192.168.0.5：0：2"。

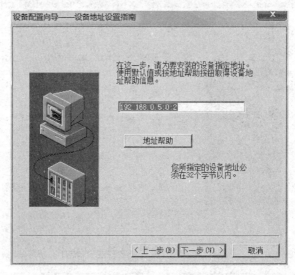

图 3—12　设备配置向导——设备地址设置

单击"下一步"按钮，弹出"通信参数"对话框，如图3—13所示。

图 3—13　通信参数

设置通信故障恢复参数（一般情况下使用系统默认设置即可），单击"下一步"按钮，弹出"设备安装向导——信息总结"对话框，如图3—14所示。

设备定义完成后，可以在工程浏览器的右侧看到新建的外部设备"S7-300"。在定义

图 3—14   设备安装向导——信息总结

数据库变量时，只要把 I/O 变量连接到这台设备上，它就可以与"组态王"交换数据了。

3. I/O 定义数据变量

选择工程浏览器左侧窗口"数据库""数据词典"，在工程浏览器右侧窗口双击"新建..."图标，弹出"定义变量"对话框。

此对话框可以对数据变量进行定义、修改等操作，以及完成数据库的管理工作。在"变量名"处输入变量名，如"PID0_ PV"；在"变量类型"处选择变量类型，如"I/O实数"，如图 3—15 所示。

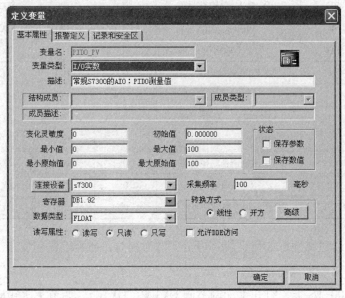

图 3—15   "定义变量"对话框

本例中所能用到的变量如图 3—16 所示。变量类型、连接设备、寄存器可以从图中得知。

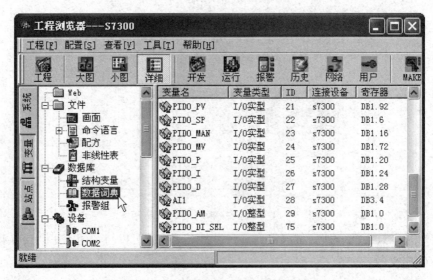

图 3—16　组态王数据词典组态

数据词典的描述、最小值、最大值、数据类型、读写属性见表 3—3。

表 3—3　　　　　　　　　　　　　　　数据词典变量设置

序号	标记名	描述	最小值	最大值	数据类型	读写属性
1	PID0_ PV	PID0 输入：AI0 测量值	0	100	FLOAT	只读
2	PID0_ SP	PID0 设定值	0	100	FLOAT	只写
3	PID0_ MAN	手动输出值	0	100	FLOAT	只写
4	PID0_ MV	PID0 的输出值	0	100	FLOAT	只读
5	PID0_ P	PID0 比例	−100k	100k	FLOAT	只写
6	PID0_ I	PID0 积分，单位：ms	0	100M	FLOAT	只写
7	PID0_ D	PID0 微分，单位：ms	0	100M	FLOAT	只写
8	AI1	AI1 测量值：阀位信号	0	100	FLOAT	只读
9	PID0_ AM	手/自动切换	0	255	BYTE	只写
10	PID0_ DI_ SEL	PID0 的积分微分是否动作	0	255	BYTE	读写

如果不清楚读写属性该如何设置，可全部设为读写，通常不影响使用。

4. 操作步骤

（1）在 A3000-FS 上，打开手动调节阀 QV102、QV105，调节下水箱闸板开度（可以稍微大一些），其余阀门关闭。

（2）在 A3000-CS 上，将下水箱液位连接到 S7-300 控制器 AI0，AO0 输出连到电动调节阀上。

此处的 AI0 和 AO0 可以是智能仪表、DCC 或 S7-300 控制器中的任意一种。

（3）打开 A3000 电源，在 A3000-FS 上启动右侧水泵。

（4）启动计算机组态软件，进入实验系统，选择相应的实验。启动调节器，设置各项参数，可将调节器的手动控制切换到自动控制。

5. 比例调节控制

（1）设置 P 参数，I 参数设置到最大，D 参数设置为零。观察计算机显示屏上的曲线，待被调参数基本稳定于给定值后，可以开始加干扰实验。

（2）待系统稳定后，对系统加扰动信号（在比例的基础上加扰动，一般可通过改变设定值实现）。记录曲线在经过几次波动稳定下来后系统有稳态误差，并记录余差大小。

（3）减小 P 重复步骤（1），观察过渡过程曲线，并记录余差大小。

（4）增大 P 重复步骤（1），观察过渡过程曲线，并记录余差大小。

（5）选择合适的 P，可以得到较满意的过渡过程曲线。改变设定值（如设定值由 50% 变为 60%），同样可以得到一条过渡过程曲线。

注意：每当做完一次实验后，必须待系统稳定后再做另一次实验。

6. 比例积分调节控制

（1）在比例调节实验的基础上，加入积分作用，即把"I"（积分器）由最大处设定到中间某一个值，观察被控制量是否能回到设定值，以验证 PI 控制下系统对阶跃扰动无余差存在。

（2）固定比例 P 值（中等大小），改变 PI 调节器的积分时间常数值 T_I，然后观察加阶跃扰动后被调量的输出波形，在表 3—4 中记录不同 T_I 值时的超调量 σ_p。

表 3—4　　　　　　　　　　不同 T_I 值时的超调量 σ_p

积分时间常数 T_I	大	中	小
超调量 σ_p			

（3）T_I 固定于某一中间值，然后改变 P 的大小，观察加扰动后被调量输出的动态波形，据此列表 3—5 记录不同 P 值下的超调量 σ_p。

表 3—5　　　　　　　　　　不同 P 值下的 σ_p

比例 P	大	中	小
超调量 σ_p			

（4）选择合适的 P 和 T_I 值，使系统对阶跃输入扰动的输出响应为一条较满意的过渡过程曲线。此曲线可通过改变设定值（如设定值由 50%变为 60%）来获得。

7. 比例积分微分调节控制

（1）在 PI 调节控制实验的基础上，再引入适量的微分作用，即在仪表上设置 D 参数，然后加上与前面实验幅值完全相等的扰动，记录系统被控制量响应的动态曲线，并与 PI 控制下的曲线相比较，由此可看到微分对系统性能的影响。

（2）选择合适的 P、T_I 和 T_D，使系统的输出响应为一条较满意的过渡过程曲线（阶跃输入可由给定值从 50%突变至 60%来实现）。

（3）在历史曲线中选择一条较满意的过渡过程曲线进行记录。

实验结束后，关闭阀门，关闭水泵，关闭全部设备电源，拆下实验连接线。

任务总结

根据表 3—6 完成任务报告。

表 3—6   任务报告

任务					
姓名		单位		日期	
理论知识					
实训过程					
实训总结					
实训评价	实训准备工作	提前进入工位，准备好资料和工具；爱护实训环境和实训设备，保持环境整洁		20分	
	实训项目实施	掌握实训任务的理论知识，在规定的时间内完成实训任务；工作步骤清晰；能解决在实训过程中出现的问题；在实训过程中能很好地进行团队合作		60分	
	实训总结	叙述理论基础，总结实训步骤，记录实训结果，对实训进行总结		20分	
				总成绩	
				实训教师	

任务二　流量调节阀 PID 单回路控制系统

任务目标

1. 掌握单回路控制的特点。

2. 了解 PID 控制特点以及对控制效果的评价。

3. 掌握通过调节阀控制流量的原理和操作。

实训设备

A3000-FS 常规现场系统，任意控制系统。

相关知识

1. 流量计流量定值控制实验

流量计流量定值控制实验如图 3—17 所示。
FIC 指用于流量的调节器，这个调节器可以是
智能仪表或计算机上的 PID 调节器，也可以是
PLC 中的 PID 调节器。

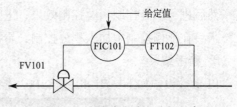

图 3—17　流量计流量定值控制实验

　　该实验中含有经典的单回路调节系统。单回路调节系统一般指在一个调节对象上用一个调节器来保持一个参数的恒定，而调节器只接受一个测量信号，其输出也只控制一个执行机构。本实验系统所要保持的恒定参数是管道流量，即控制的任务是控制流量等于给定值所要求的大小。根据控制框图，这是一个闭环反馈型单回路流量控制，采用 PID 控制。当调节方案确定后，接下来就是整定调节器的参数。一个单回路系统设计及安装就绪后，控制质量的好坏与控制器参数选择有着很大的关系。合适的控制参数可以带来满意的控制效果；反之，控制器参数选择得不合适，则会使控制质量变差，达不到预期效果。因此，当一个单回路系统组成好后，如何整定好控制器参数是一个很重要的实际问题。一个控制系统设计好后，系统的投运和参数整定是十分重要的工作。

　　一般而言，用比例（P）调节器的系统是一个有差系统，比例度 δ 的大小不仅会影响余差的大小，而且与系统的动态性能密切相关。对于比例积分（PI）调节器，由于积分的作用，不仅能保证系统无余差，而且只要参数 δ、T_I 调节合理，也能使系统具有良好的动

态性能。比例积分微分（PID）调节器是在 PI 调节器的基础上再引入微分 D 的作用，从而使系统既无余差存在，又能改善系统的动态性能（如快速性、稳定性等）。在单位阶跃作用下，P、PI、PID 调节系统的阶跃响应曲线分别如图 3—18 中的曲线①、②、③所示。

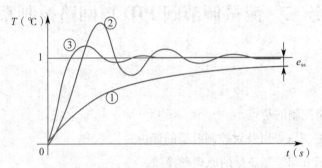

图 3—18　P、PI 和 PID 调节系统的阶跃响应曲线

2. 任务方案

被调量为调节阀开度，控制目标是水流量。通过测量水流量，控制器与给定值进行比较，然后输出控制值到调节阀。

首先进行比例控制，看控制效果，进行比较。

然后进行积分控制，看控制效果，进行比较。

最后在比例控制中加入积分控制，看控制效果，进行比较。

3. 参考结果

PI 参数设定如下：$P=40$，$I=100$。控制曲线如图 3—19 所示。

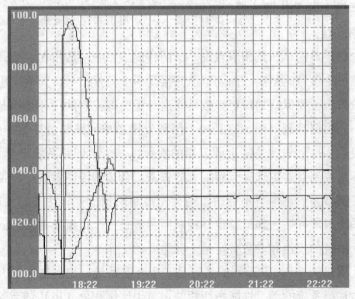

图 3—19　调节阀流量控制曲线

任务要求

1. 使用比例控制进行流量控制，要求能够得到稳定曲线及振荡曲线。

2. 使用积分控制进行流量控制，要求能够得到稳定曲线。设定不同的积分参数，进行比较。

任务实施

1. 进行上位机设计。参考项目一中上位机设计方法组态上位机程序，如图3—20所示。

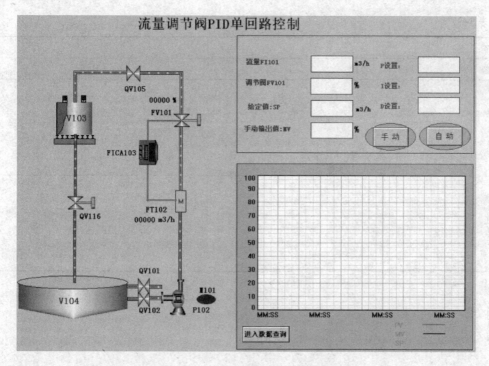

图3—20　流量调节阀PID单回路控制

2. 在A3000-FS上，打开手动调节阀QV102、QV105，调节下水箱闸板开度（可以稍微大一些），其余阀门关闭。

3. 在A3000-CS上，将电磁流量计输出连接到AI0，AO0输出连接到电动调节阀上。此处的AI0和AO0可以是智能仪表、DCC或S7-300控制器中的任意一种。

4. 打开A3000电源，在A3000-FS上启动右侧水泵。

5. 对控制器或调节器进行工作量设定，并记录控制曲线。暂时设定积分参数 $I = 999\,999$（一个很大的值，表示取消积分），$D = 0$。注意，常规仪表控制系统比例系数是指

$0 \sim 100\%$ 的比例带。

6. 改变给定值和 PID 参数，再次记录控制曲线。

7. 对控制器或调节器进行工作量设定，把比例控制、微分控制取消，直接进行积分控制。

8. 改变给定值和 PID 参数，再次记录控制曲线。

9. 实验结束后，关闭阀门，关闭水泵，关闭全部设备电源，拆下实验连接线。

任务总结

根据表 3—7 完成任务报告。

表 3—7 任务报告

任务					
姓名		单位		日期	
理论知识					
实训过程					
实训总结					
实训评价	实训准备工作	提前进入工位，准备好资料和工具；爱护实训环境和实训设备，保持环境整洁		20 分	
	实训项目实施	掌握实训任务的理论知识，在规定的时间内完成实训任务；工作步骤清晰；能解决在实训过程中出现的问题；在实训过程中能很好地进行团队合作		60 分	
	实训总结	叙述理论基础，总结实训步骤，记录实训结果，对实训进行总结		20 分	
				总成绩	
				实训教师	

任务三　锅炉水温 PID 单回路控制系统

任务目标

1. 了解换热器的工作原理。
2. 掌握换热器单回路控制的原理。
3. 掌握换热器单回路控制的特性。

实训设备

A3000-FS 常规现场系统，任意控制系统。

相关知识

随着科学技术的发展和工业生产水平的提高，电加热已经在冶金、化工、机械等各类工业控制中得到了广泛应用，并且在国民经济中占有举足轻重的地位。

1. 电加热的温度控制方式

（1）温度位式控制

双位控制是位式控制的最简单形式。双位控制的规律如下：当测量值大于给定值时，控制器的输出最大（或最小）；而当测量值小于给定值时，控制器的输出最小（或最大）。双位控制只有两个输出值，相应的执行器也只有"开"和"关"两个极限位置。如图 3—21 所示为一个典型的双位控制系统。它利用温度开关来控制继电器的开启与关闭，从而维持温度在给定值上下波动。

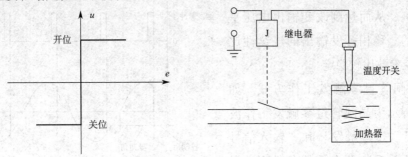

图 3—21　温度位式控制方案

双位控制器结构简单，成本较低，易于实现，因此应用很普遍。常见的双位控制器有带电触点的压力表、带电触点的水银温度计、双金属片温度计、动圈式双位指示调节仪等。在工业生产中，如对控制质量要求不高，且允许进行位式控制时，可采用双位控制器构成双位控制系统，例如，空气压缩机储罐的压力控制，恒温箱、电烘箱、管式加热炉的温度控制等就常采用双位控制系统。

位式控制是一种间断式控制方式，由于热量供给量与热量需求量不能保持平衡，温度必然存在一定的波动，对于控制质量要求高的场合，显然难以满足要求。

（2）晶闸管调压温度控制

基于晶闸管调压器的温度控制系统如图 3—22 所示。热电偶检测温度，并以电信号方式传送给控制器，控制器则与温度给定值比较后得到偏差，经运算后得到控制器输出，控制晶闸管的触发信号，改变加热电压，由此达到调节温度的目的。

晶闸管调压有两种方式，一种是移相触发调压方式，另一种是过零触发调压方式。

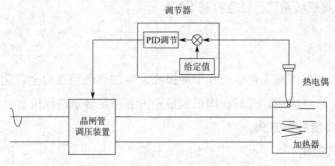

图 3—22 晶闸管调压温度控制系统

1）晶闸管移相触发工作方式。如图 3—23 所示为晶闸管移相触发工作波形，即在交流电的半个周期内通过控制触发脉冲的相位，调整导通时间和关断时间的比例，从而达到改变输出电压平均值的目的。移相触发输出的连续性比较好，被控参数比较稳定。

2）晶闸管过零触发工作方式。如图 3—24 所示为晶闸管过零触发工作波形。在满足"过零触发"和"输入信号和占空比的关系"两个前提条件下，尽

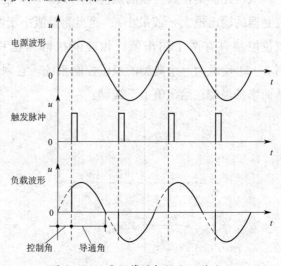

图 3—23 晶闸管移相触发工作波形

可能缩短控制周期，从而减小测量仪表的抖动，并提高控温的精度。过零触发调压方式对电网无干扰，能提高电网功率因数，节能效果明显，所以应用范围越来越广泛。

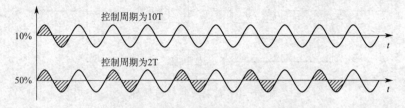

图 3—24　晶闸管过零触发工作波形

在 A3000 系统中采用了移相触发方式的晶闸管调压温度控制系统，能够实现高精度温度控制。

2. 锅炉温度定值控制设计

由于静止水加热时冷热不均匀，因此使用动态水进行实验。锅炉温度定值控制实验如图 3—25 所示。

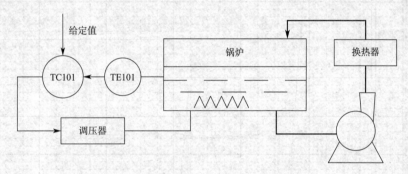

图 3—25　锅炉温度定值控制实验

锅炉水为动态循环水，变频器、齿轮泵、锅炉组成循环供水系统。实验前（参见图 1—4），左侧水泵供水系统通过阀 QV115、QV112 和电磁阀 XV101 将锅炉水装至适当高度。关闭阀 QV112，打开阀 QV114、QV113，实验投入运行后，锅炉水处于循环状态。

为了加热均匀，使用动态循环水，把锅炉的水搅动起来。另外，三相电加热管功率为 6 kW，加热过程相对快速，散热过程相对比较缓慢，所以让循环水经过换热器，目的就是让整个系统的散热过程快一些。如果散热过程还是太慢，建议在换热器冷水侧加入非常少量的水，把热量带走一部分，让系统加热很快，同时散热也快，以便提高系统的精确度和稳定性。

本系统所要保持的恒定参数是锅炉温度给定值，即控制的任务是控制锅炉温度等于给定值，采用工业智能 PID 调节。控制逻辑结构框图如图 3—26 所示。被调量为锅炉水温，通过测量水温，控制器与给定值进行比较，然后输出控制值到调压器。使用 P、PI、PID

控制，观察控制效果，进行比较。

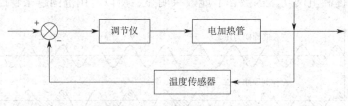

图 3—26　控制逻辑结构框图

3. 参考结果

PID 控制器选择的范例参数为 $P = 3$，$I = 100\ \text{s}$，$D = 0$。温度控制曲线如图 3—27 所示。

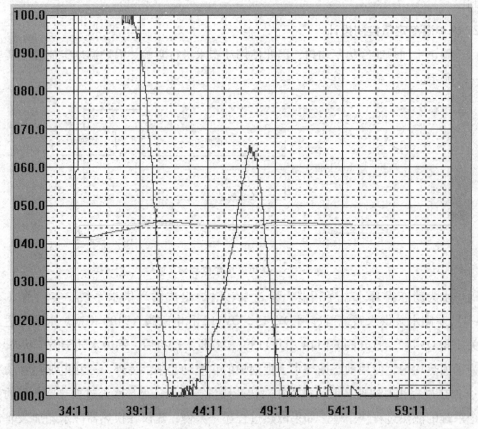

图 3—27　温度控制曲线

任务要求

1. 给出温度单回路控制曲线。

2. 分析使用 PID 单回路控制温度控制器的特点。

任务实施

1. 进行上位机设计。参考项目一中上位机设计方法组态上位机程序，如图 3—28 所示。

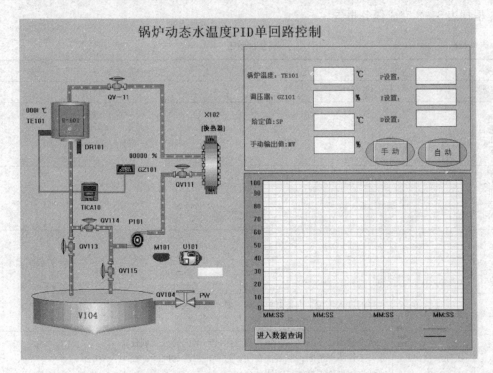

图 3—28　锅炉动态水温度 PID 单回路控制

2. 在 A3000-FS 上，将手动调节阀 QV115、QV112 及电磁阀 XV101 完全打开，其余阀门关闭。

3. 在 A3000-CS 上，将锅炉水温（TE101）连接到 AI0 端，将 AO0 输出端连接到调压器输入。

此处的 AI0 和 AO0 可以是智能仪表、DCC 或 S7-300 控制器中的任意一种。

4. 打开调压器开关，选择输入模式为电流。打开 A3000 电源。

5. 在 A3000-FS 上启动左侧水泵，给锅炉注水到一半高度。关闭水泵，关闭手动调节阀 QV115。

注意：锅炉液位一定要超过下面的液位开关高度，否则由于联锁保护，无法启动加热器；为避免不必要的强烈干扰，建议尽量不要启动变频器，直接用 220 V 电源驱动水泵。

6. 为使温度保持均匀，在加热过程中可打开手动调节阀 QV114、QV112，启动左侧水泵，形成水循环回路。

7. 启动上位机，进行 PID 设定，记录温度与控制量随时间变化的曲线。在设定阶跃温度时，最好为 3~5℃，不要太高，以免整个水箱温度过高。

任务总结

根据表 3—8 完成任务报告。

表 3—8　　　　　　　　　　　　　　任务报告

任务					
姓名		单位		日期	
理论知识					
实训过程					
实训总结					
实训评价	实训准备工作	提前进入工位，准备好资料和工具；爱护实训环境和实训设备，保持环境整洁		20 分	
	实训项目实施	掌握实训任务的理论知识，在规定的时间内完成实训任务；工作步骤清晰；能解决在实训过程中出现的问题；在实训过程中能很好地进行团队合作		60 分	
	实训总结	叙述理论基础，总结实训步骤，记录实训结果，对实训进行总结		20 分	
				总成绩	
				实训教师	

任务四　双容水箱液位定值控制系统

任务目标

1. 掌握多容系统单回路控制的特点。

2. 深入了解 PID 控制的特点。

3. 深入研究 P、PI 和 PID 调节器的参数对系统性能的影响。

实训设备

A3000-FS 常规现场系统，任意控制系统。

相关知识

1. 系统结构

如图 3—29 所示，水从中水箱进入下水箱，中水箱闸板开度为 8 mm，下水箱闸板开度为 5~6 mm。要保证中水箱闸板开度大于下水箱闸板开度，这样控制效果好些。水流入量 Q_i 由调节阀 FV101 控制，流出量 Q_o 则由用户通过闸板来改变。被调量为下液位 H。

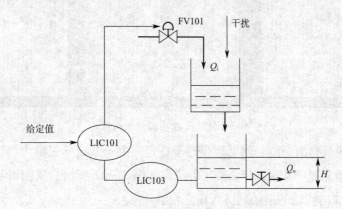

图 3—29　双容水箱液位定值控制实验

2. 控制逻辑结构

双容水箱液位定值控制实验逻辑图如图 3—30 所示。

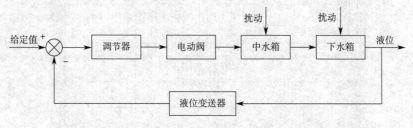

图 3—30　双容水箱液位定值控制实验逻辑图

这也是一个单回路控制系统，它与上一个实验不同的是有两个水箱相串联，控制的目的是使下水箱的液位高度等于给定值所期望的高度，即减小或消除来自系统内部或外部扰动的影响。显然，这种反馈控制系统的性能完全取决于调节器的结构和参数的合理选择。由于双容水箱的数学模型是二阶的，故它的稳定性不如单容液位控制系统。

对于阶跃输入（包括阶跃扰动），这种系统若用比例（P）调节器去控制，系统有余差，且与比例度成正比；若用比例积分（PI）调节器去控制，不仅可实现无余差，而且只要调节器的参数 δ 和 T_1 调节得合理，也能使系统具有良好的动态性能。比例积分微分（PID）调节器是在 PI 调节器的基础上再引入微分 D 的控制作用，从而使系统既无余差存在，又使其动态性能得到进一步改善。

3. 参考结果

双容水箱液位控制实验 PI 控制器控制曲线如图 3—31 所示。

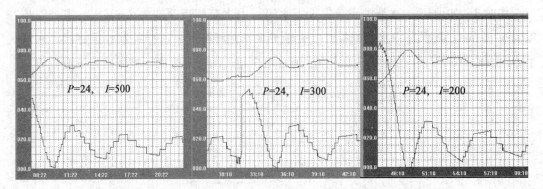

图 3—31　PI 控制器控制曲线

PID 控制曲线具有两个波，然后逐步趋于稳定。由于系统延迟很大，这个稳定时间非常长。比较好的效果是 $P=24$，$I=200$，$D=2$，如图 3—32 所示。从图可见，增加微分项后，系统在有 10% 的扰动下很快就进入稳定状态。

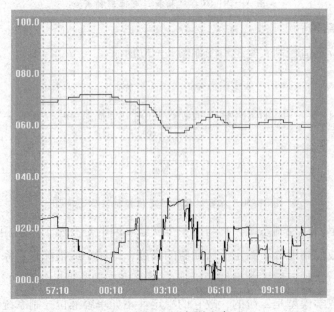

图 3—32　PID 控制曲线

任务要求

1. 使用比例控制进行双容液位控制，要求能够得到稳定曲线及振荡曲线。

2. 使用比例积分控制进行流量控制，要求能够得到稳定曲线。设定不同的积分参数进行比较。

3. 使用比例积分微分控制进行流量控制，要求能够得到稳定曲线。设定不同的积分参数进行比较。

任务实施

1. 进行上位机设计。参考项目一中上位机设计方法组态上位机程序，如图 3—33 所示。

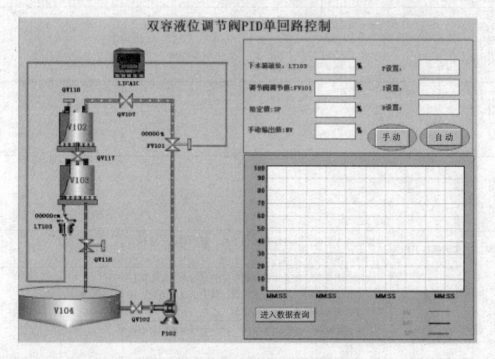

图 3—33　双容液位调节阀 PID 单回路控制

2. 使用组态软件进行组态。注意实时曲线时间要设定大一些，如 15 min 等。因为多容积导致的延迟比较大。

3. 在 A3000-FS 上打开手动调节阀 QV107、QV102，调节中水箱、下水箱闸板具有一定开度，其余阀门关闭。

4. 在 A3000-CS 上，将下水箱液位连接到系统控制器 AI0，AO0 输出连接到电动调节阀上。

此处的 AI0 和 AO0 可以是智能仪表、DCC 或 S7-300 控制器中的任意一种。

5. 打开 A3000 电源。在 A3000-FS 上启动右侧水泵，给中水箱注水。

6. 按所学理论操作调节器，进行 PID 设定。首先还是使用 P 比例调节，单容实验的 P 值可供参考；然后再加 I 值，参见单容液位调节阀 PID 单回路控制实验。

任务总结

根据表 3—9 完成任务报告。

表 3—9　　　　　　　　　　　任务报告

任务					
姓名		单位		日期	
理论知识					
实训过程					
实训总结					
实训评价	实训准备工作	提前进入工位，准备好资料和工具；爱护实训环境和实训设备，保持环境整洁		20 分	
	实训项目实施	掌握实训任务的理论知识，在规定的时间内完成实训任务；工作步骤清晰；能解决在实训过程中出现的问题；在实训过程中能很好地进行团队合作		60 分	
	实训总结	叙述理论基础，总结实训步骤，记录实训结果，对实训进行总结		20 分	
				总成绩	
				实训教师	

项目四

复杂控制系统设计

任务一　液位和进口流量串级控制系统

任务目标

1. 学习串级控制的原理。
2. 了解串级控制的特点。
3. 掌握串级控制系统的设计。
4. 初步掌握串级控制器参数调整方法。

实训设备

A3000-FS 常规现场系统，任意控制系统。

相关知识

1. 串级控制系统的结构

串级控制系统是改善控制质量的有效方法之一，在过程控制中得到了广泛应用。串级控制系统是指不止采用一个控制器，而是将两个或几个控制器相串级，将一个控制器的输出作为下一个控制器设定值的控制系统。

2. 串级控制系统的名词术语

主被控参数：在串级控制系统中起主导作用的那个被控参数，简称主参数。

副被控参数：在串级控制系统中为了稳定主参数而引入的中间辅助变量，简称副参数。

主被控过程：由主参数表征其特性的生产过程，即主回路所包含的过程，是整个过程的一部分，其输入为副参数，输出为主参数。

副被控过程：由副参数为输出的生产过程，即副回路所包含的过程，是整个过程的一部分，其输入为控制参数。

主调节器：按主参数的测量值与给定值的偏差进行工作的调节器，其输出作为副调节器的给定值。

副调节器：按副参数的测量值与主调节器输出的偏差进行工作的调节器，其输出直接控制调节阀动作。

副回路：由副调节器、副被控过程、副测量变送器等组成的闭合回路。

主回路：由主调节器、副回路、主被控过程和主测量变送器等组成的闭合回路。

一次扰动：作用在主被控过程上，不包括在副回路范围内的扰动。

二次扰动：作用在副被控过程上，包括在副回路范围内的扰动。

当生产过程处于稳定状态时，它的控制量与被控量都稳定在某一定值。当扰动破坏了平衡工况时，串级控制系统便开始了其控制过程。根据不同扰动，分为以下三种情况：

（1）副对象上的扰动

副对象加上扰动后，副调节就立即发出校正信号，控制执行对象（工程上一般是调节阀的开度，而本实验装置中是泵电动机的转速）动作，以克服扰动对主参数的影响。如果扰动量不大，经过副回路的及时控制一般不影响被控量；如果扰动的幅值较大，虽然经过副回路的及时校正，但还将影响被控量，此时再有主回路的进一步调节，从而使被控量回到平衡时的值。

（2）主对象上的扰动

主对象加上扰动后，主回路产生校正作用，由于副回路的存在加快了校正作用，使扰动对被控量的影响比单回路系统时要小。

（3）一次扰动和二次扰动同时存在

如果一、二次扰动的作用使主、副参数同时增大或减小时，主、副调节器对调节阀（或泵电动机转速）的控制方向一致，即大幅度关小或开大阀门（或大幅度地使泵电动机加速或减速），加强控制作用，使主被控量很快地回到给定值上。如果一、二次扰动的作用使主、副参数一个增大而另一个减小，此时主、副调节器控制调节阀的方向是相反的，调节阀的开度只需做较小变动即满足控制要求。

3. 串级控制系统的特点

综上分析可知，串级控制系统副调节器具有"粗调"的作用，主调节器具有"细调"的作用，从而使控制品质得到进一步提高。

串级控制系统是改善和提高控制品质的一种极为有效的控制方案。它与单回路反馈控制系统比较，由于在系统结构上多了一个副回路，因此具有以下一些特点：

（1）改善了过程的动态特性

串级控制系统比单回路控制系统在结构上多了一个副回路，它的容量滞后减少，过程的动态特性得到改善，使系统的响应加快，控制更为及时。

（2）提高了系统工作频率

串级系统由于存在一个副回路，改善了过程特性，等效过程的时间常数减小，从而提高了系统的工作频率，使振荡周期缩短，改善了系统的控制质量。

（3）具有较强的抗扰动能力

在串级控制系统中，主、副调节器放大系数的乘积越大，则系统的抗扰动能力越强，控制质量越好。串级控制系统由于存在副回路，只要扰动由副回路引入，不等它影响到主参数，副回路立即进行调节，这样，该扰动对主参数的影响就会大大地减小，从而提高了主参数的控制质量，所以说串级控制系统具有较强的抗扰动能力。

（4）具有一定的自适应能力

串级控制系统，就其主回路来看是一个定值控制系统，而副回路则是一个随动系统，主调节器的输出能按照负荷和操作条件的变化而变化，从而不断改变副调节器的给定值，使副回路调节器的给定值适应负荷并随操作条件而变化，即具有一定的自适应能力。

4. 串级控制系统设计要点

正确、合理地设计一个串级控制系统，是要其能充分发挥如上所述系统的各种特点。系统设计应包括主、副回路的设计，主、副调节器控制规律的选择，以及正、反作用方式的确定。

（1）主、副回路的设计

串级控制系统的主回路是一个定值控制系统。串级控制系统的设计主要是副参数的选择和副回路的设计以及主、副回路关系的考虑。下面具体介绍设计原则。

1）主参数的选择和主回路的设计。串级控制系统由主回路和副回路组成。主回路是一个定值控制系统。对于主参数的选择和主回路的设计，基本上可以按照单回路控制系统的设计原则进行。凡直接或间接与生产过程运行性能密切相关并可直接测量的工艺参数均可选择作为主参数。若条件许可，可以选用质量指标作为主参数，因为它最直接也最有效；否则，应选择一个与产品质量有单值函数关系的参数作为主参数。另外，对于选择的主参数必须具有足够的灵敏度，并符合工艺过程的合理性。

2）副参数的选择和副回路的设计。副参数的选择应使副回路的时间常数小、时延小、控制通道短，这样可使等效过程的时间常数大大减小，从而加快需要的工作频率，提高响应速度，缩短过渡过程时间，改善系统的控制品质。总之，为了充分发挥副回路的超前、快速作用，在扰动影响主参数之前就加以克服，必须设法选择一个可测的、反应灵敏的参数作为副参数。

副回路应包括生产过程中变化剧烈、频繁而且幅度大的主要扰动，并尽可能多地包括一些扰动。

由上所述，串级控制系统副回路具有调节速度快、抑制扰动能力强的特点。在设计副回路时，要充分发挥这一特点，把生产过程中的主要扰动（并可能多地包括其他一些扰动）包括在副回路中，以尽量减小对主参数的影响，提高主参数的控制质量。例如，此次实验就是以下水箱的液位为主参数，以上水箱的液位为副参数的串级控制系统。

在选择副参数进行副回路设计时，必须注意主、副过程时间常数的匹配问题。因为它是串级控制系统正常运行的主要条件，是保证安全生产、防止共振的根本措施。

如果副过程的时间常数比主过程的时间常数小得多，这时副回路反应灵敏，控制作用快，但此时副回路包含的扰动少，对于过程特性的改善也就少了；相反，如果副过程的时间常数大于或接近主过程的时间常数，这时副回路对于改善过程特性的效果较明显，但是，副回路反应较迟钝，不能及时有效地克服扰动，并将明显地影响控制参数。如果主、副过程的时间常数较接近，这时主、副回路间的动态联系十分密切，当一个参数发生振荡时，会使另一个参数也发生振荡，这就是所谓的"共振"，它不利于生产的正常进行。串级控制系统主、副过程时间常数的匹配是一个比较复杂的问题。原则上，主、副过程时间常数之比应在3~10范围内。在工程上，应根据具体过程的实际情况与控制要求来定。若设置串级控制系统主要是利用副回路能迅速克服主要扰动的话，则副回路的时间常数以小一点为好，只要将主要扰动包括在副回路中即可；若设置串级控制系统是为了改善过程特性，则副过程时间常数可以适当取大一些。但是，副过程的时间常数均不宜过大和过小。

副回路设计应考虑工艺上的合理性。过程控制系统是为工业生产服务的，设计串级控制系统，应考虑和满足生产工艺要求，注意系统的控制参数必定是先影响副参数，再去影响主参数的这种串联对应关系，然后再考虑其他因素。

副回路的设计还应考虑经济性的原则。

3）串级控制系统参数的选择。对控制参数的选择一般应考虑以下方面：选择可控性良好的参数作为控制参数；所选择的控制参数必须使控制通道有足够大的系数，并应保证大于主要扰动通道的放大系数，以实现对主要扰动进行有效控制并提高控制质量；所选控制参数应同时考虑经济性与工艺上的合理性。

（2）主、副调节器控制规律的选择

在串级控制系统中，主、副调节器所起的作用是不同的，主调节器起定值控制作用，副调节器起随动控制作用，这是选择控制规律的基本出发点。

主参数是工艺操作的主要指标，允许波动的范围很小，一般要求无余差，因此，主调节器应选 PI 或 PID 控制规律。副参数的设置是为了保证主参数的控制质量，允许在一定范围内变化，允许有余差，因此，副调节器只要选 P 控制规律即可。副调节器一般不引入积分控制规律。因为副参数允许有余差，而且副调节器的放大系数较大，控制作用强，余差小，若采用积分规律，会延长控制过程，减弱副回路的快速作用。副调节器一般也不引入微分控制规律，因为副回路本身起着快速作用，再引入微分规律会使调节阀动作过大，对控制不利。

（3）主、副调节器正、反作用方式的选择

为了满足生产工艺指标的要求，确保串级控制系统正常运行，必须正确选择主、副调节器的正、反作用方式。在具体选择时，是在调节阀气开、气关形式已经选定的基础上进行的。首先根据工艺生产安全等原则选择调节器的气开、气关形式；然后根据生产工艺条件和调节阀形式确定副调节器的正、反作用方式；最后再根据主、副参数的关系决定主调节器的正、反作用方式。

在单回路控制系统设计中，要使一个过程控制系统能正常工作，系统必须采用负反馈。对于串级控制系统来说，主、副调节器正、反作用方式的选择原则是使整个系统构成负反馈系统，即其主通道各环节放大系统系数极性乘积必须为正值。各环节放大系数极性的正负是这样规定的：对于调节器的 K_C，当测量值增加时，调节器的输出也增加，则 K_C 为负（即正作用调节器），反之 K_C 为正（即反作用调节器）；调节器为气开则 K_V 为正，气关则 K_V 为负。过程放大系数极性的规定如下：当过程的输入增大时，即调节阀开大，其输出也增大，则 K_0 为正；反之 K_0 为负。串级控制系统由于增加了副回路，对于进入副回路的干扰有较强的克服能力。

定性来看，串级控制系统的副回路是一个随动控制系统，而主回路是一个定值系统。当主被控对象时间常数较大时，可认为是 1:1 的比例环节，从而使副回路中原来应属于主被控对象的那部分环节的影响消除，它使系统的振荡频率提高，加快了系统的响应，改善了控制品质。

串级控制系统由于副回路具有快速抗干扰功能，对于进入副回路的干扰具有很强的抑制作用。因此，对于同样大小的干扰作用于主、副回路，对主变量的影响是不同的。作用于副回路的干扰，由于受到副回路的抑制作用，结果对于主变量的影响就比较小；而作用于主回路的干扰，由于此时副回路的快速抗干扰能力未能得到发挥，因此干扰对主变量的影响就比较大。

5. 液位流量串级控制设计

在 A3000 高级过程控制实验系统中能够完成多个串级实验，如图 4—1 所示为单容的液位和流量组成的串级控制实验。

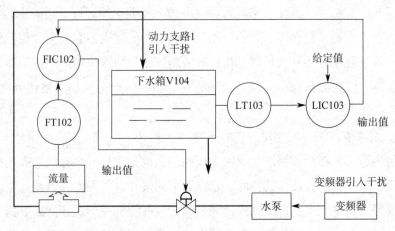

图 4—1　液位串级控制实验

实验以串级控制系统来控制下水箱液位，以支路 2 流量为副对象，右侧水泵直接向下水箱注水，流量变动的时间常数小、时延小、控制通道短，从而可加快提高响应速度，缩短过渡过程时间，符合副回路选择的超前、快速、反应灵敏等要求。

下水箱为主对象，流量的改变需要经过一定时间才能反映到液位，时间常数比较大，时延大。如图 4—1 所示设计下水箱和流量串级控制系统。将主调节器的输出送到副调节器的给定，而副调节器的输出控制执行器。由以上分析，副调节器选用比例控制，主调节器选用比例控制或比例积分控制。

反复调试，使支路 2 的流量快速稳定在给定值上，这时给定值应与负反馈值相等。待流量稳定后，通过变频器快速改变流量，加入扰动。若参数比较理想，且扰动较小，经过副回路的及时控制校正，不影响下水箱的液位；如果扰动比较大或参数并不理想，则经过副回路的校正，还将影响主回路的稳定，此时再由主回路进一步调节，从而完全克服上述扰动，使液位调回到给定值上。当使用第 1 动力支路把扰动加在下水箱时，扰动使液位发生变化，主回路产生校正作用，克服扰动对液位的影响。由于副回路的存在加快了校正作用，使扰动对主回路的液位影响较小。

液位流量串级控制系统框图如图 4—2 所示（图中电磁流量计可为涡轮流量计）。

各回路独立调整结束，使主调节器输出与副调节器给定值相差不是太大（可利用前面实验中的 PID 数据），而副控制器只进行 P 调节。

副回路对 FT102 进行控制，这个反应比较快，副回路的控制目的是很快把流量控制回

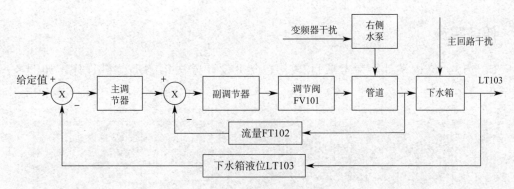

图 4—2　液位流量串级控制系统框图

给定值。可以通过另一个动力支路加入部分液位干扰。

主回路对下水箱液位进行控制。可以在下水箱中加入主回路干扰，要平衡这个干扰，则需要经过流量调整，通过 FT102 来平衡这个变化。

6. 流量液位串级控制系统接线

流量液位串级控制系统接线见表 4—1。

表 4—1　　　　　　　　　　　流量液位串级控制系统接线

测量或控制量	测量或控制量标号	使用控制器端口
电磁流量计	FT102	AI1
下水箱液位	LT103	AI0
调节阀	FV101	AO0

7. 控制效果

控制曲线如图 4—3 所示。从图上可见，在系统稳定后，副回路增加的扰动对系统影响很小。

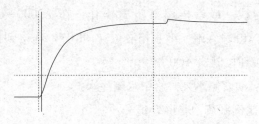

图 4—3　液位流量串级控制曲线

任务要求

1. 设计串级控制器。

2. 经过参数调整，获得最佳的控制效果，并通过干扰来验证。

任务实施

1. 进行上位机设计。参考项目一中上位机设计方法组态上位机程序，如图 4—4 所示。

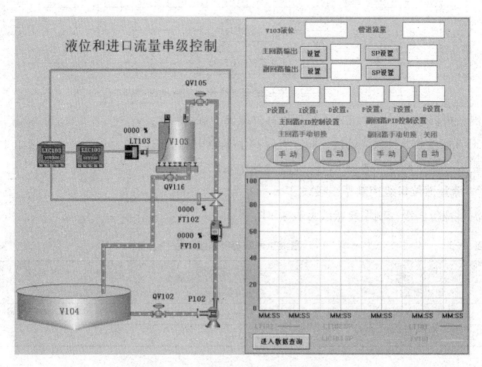

图4—4 液位和进口流量串级控制

2. 在 A3000-FS 上，打开手动调节阀 QV102、QV105，调节下水箱闸板具有一定开度，其余阀门关闭。

3. 按照列表进行连线。或者按以下步骤操作：在 A3000-CS 上，将电磁流量计（FT102）连接到控制器 AI0 输入端，下水箱液位（LT103）连接到控制器 AI1 输入端，电动调节阀（FV101）连接到控制器 AO0 端。

4. 在 A3000-FS 上启动右侧水泵，给中水箱注水。

5. 首先进行副回路比例调节，获得 P 值。

6. 切换至主回路控制。断开电磁流量计与 AI0 的连线，将下水箱液位连接到 AI0。调整主控制回路（调节 P、I 值即可），对主控制器或调节器进行工作量设定。

7. 关闭阀门 QV107，当中水箱液位降低 20 mm 高度时，打开阀门，观察控制曲线，等待稳定。

8. 切换到串级控制状态（此时最好无扰动）。将电磁流量计连接到副调节器输入端

AI1，主调节器输出端连接到副调节器给定端，副调节器的输出连接到调节阀。

9. 正确设置 PID 调节器。

副调节器：比例（P）控制，反作用，自动，K_{C2}（副回路的开环增益）较大。

主调节器：比例积分（PI）控制，反作用，自动，$K_{C1} < K_{C2}$（K_{C1} 为主回路的开环增益）。

10. 待系统稳定后，类同于单回路控制系统，对系统加扰动信号，扰动的大小与单回路时相同。

11. 通过对副调节器和主调节器参数的反复调节，使系统具有较满意的动态响应和较高的控制精度。

任务总结

根据表 4—2 完成任务报告。

表 4—2　　　　　　　　　　　　　　　任务报告

任务					
姓名		单位		日期	
理论知识					
实训过程					
实训总结					
实训评价	实训准备工作	提前进入工位，准备好资料和工具；爱护实训环境和实训设备，保持环境整洁		20分	
	实训项目实施	掌握实训任务的理论知识，在规定的时间内完成实训任务；工作步骤清晰；能解决在实训过程中出现的问题；在实训过程中能很好地进行团队合作		60分	
	实训总结	叙述理论基础，总结实训步骤，记录实训结果，对实训进行总结		20分	
				总成绩	
				实训教师	

任务二　闭环双水箱液位串级控制系统

任务目标

1. 掌握串级控制器参数整定方法。
2. 研究串级控制系统对扰动的调节作用及克服干扰能力。

实训设备

A3000-FS 现场系统，任意控制系统。

相关知识

1. 双容液位串级控制设计

在 A3000 高级过程控制实验系统中，能够完成多个串级实验，包括液位串级控制、液位和流量串级控制和换热器串级控制等实验。

液位串级控制实验如图 4—5 所示。实验以串级控制系统来控制下水箱液位，以中水箱为副对象，右侧水泵直接向中水箱注水，时间常数小、时延小、控制通道短，从而可加快提高响应速度，缩短过渡过程时间，符合副回路选择的超前、快速、反应灵敏等要求。

下水箱为主对象，水需要经过中水箱才能进入下水箱，时间常数比较大，时延大。如

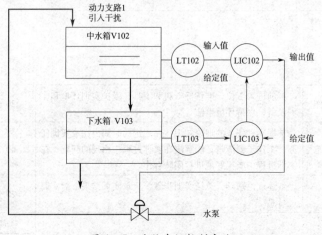

图 4—5　液位串级控制实验

图4—5所示设计下水箱和中水箱串级控制系统。将主调节器的输出送到副调节器的给定，而副调节器的输出控制执行器。由以上分析，副调节器选用比例控制，主调节器选用比例控制或比例积分控制。

反复调试，使中水箱的液位快速稳定在给定值上，这时给定值应与负反馈值相等。待液位稳定后，通过左侧水泵向中水箱小流量注水，加入扰动。若参数比较理想，且扰动较小，经过副回路的及时控制校正，不影响下水箱的液位；如果扰动比较大或参数并不理想，虽经过副回路的校正，还将影响主回路的稳定，此时再由主回路进一步调节，从而完全克服上述扰动，使液位调回到给定值上。当扰动加在下水箱时，扰动使液位发生变化，主回路产生校正作用，克服扰动对液位的影响。由于副回路的存在加快了校正作用，使扰动对主回路的液位影响较小。

液位串级控制系统框图如图4—6所示。

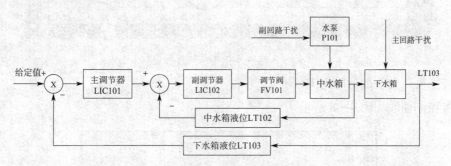

图4—6 液位串级控制系统框图

各回路独立调整结束，使主调节器输出与副调节器给定值相差不是太大（可利用前面实验中的PID数据），而副控制器只进行P调节。

副回路对V103液位进行控制，这个反应比较快，副回路的控制目的是很快把流量控制回给定值。可以通过另一个动力支路加入部分液位干扰。

主回路对下水箱液位进行控制，由于控制经过了V103，时间延迟比较大。可以在下水箱中加入主回路干扰，要平衡这个干扰，则需要经过流量调整，通过V103来平衡这个变化。

2. 双容液位串级控制系统接线

双容液位串级控制系统接线见表4—3。

表4—3　　　　　　　　　　双容液位串级控制系统接线

测量或控制量	测量或控制量标号	使用控制器端口
中水箱液位	LT102	AI0
下水箱液位	LT103	AI1
调节阀	FV101	AO0

3. 参考结果

副回路 P 参数设置：$P=4$。

主回路 PID 参数设置：$P=3.5$，$I=100$ s。

主回路加扰动后控制曲线如图 4—7 所示。

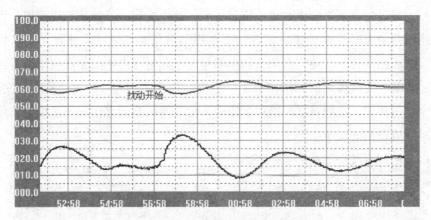

图 4—7　主回路加扰动后控制曲线

系统平衡所需要的时间为 10 min。

串级控制曲线如图 4—8 所示。

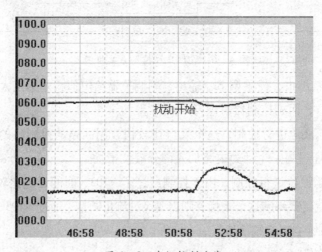

图 4—8　串级控制曲线

系统平衡所需要的时间不超过 3 min。可见串级控制对于副回路内的扰动可以快速平衡。

任务要求

1. 设计串级控制器。

2. 经过参数调整，获得最佳的控制效果，并通过干扰来验证。

任务实施

1. 进行上位机设计。参考项目一中上位机设计方法组态上位机程序，如图4—9所示。

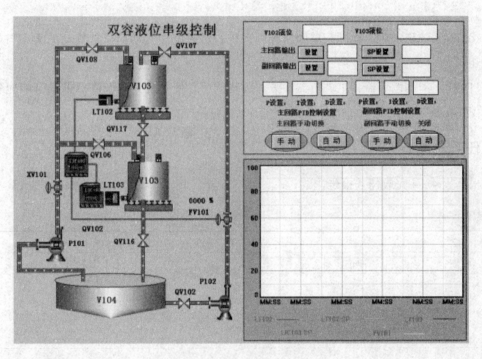

图4—9　双容液位串级控制

2. 在A3000-FS上，打开手动调节阀QV102、QV107，调节中水箱、下水箱闸板具有一定开度，其余阀门关闭。

3. 按照列表进行连线。或者按以下步骤操作：在A3000-CS上，将中水箱液位（LT102）连接到控制器AI0输入端，下水箱液位（LT103）连接到控制器AI1输入端，电动调节阀（FV101）连接到控制器AO0端。

4. 在A3000-FS上启动右侧水泵，给中水箱注水。

5. 首先进行副回路比例调节，获得P值。

6. 切换至主回路控制。断开中水箱液位与AI0的连线，将下水箱液位连接到AI0。调整主控制回路（调节P、I值即可），对主控制器或调节器进行工作量设定。

7. 关闭阀门QV107，当中水箱液位降低20 mm高度时，打开阀门，观察控制曲线，等待稳定。

8. 切换到串级控制状态（此时最好无扰动）。将中水箱液位LT102连接到副调节器输入端 AI0，主调节器输出端连接到副调节器给定端，副调节器的输出连接到调节阀。

9. 正确设置 PID 调节器。

副调节器：比例（P）控制，反作用，自动，K_{C2}（副回路的开环增益）较大。

主调节器：比例积分（PI）控制，反作用，自动，$K_{C1} < K_{C2}$（K_{C1} 为主回路的开环增益）。

10. 待系统稳定后，类同于单回路控制系统，对系统加扰动信号，扰动的大小与单回路时相同。

11. 通过对副调节器和主调节器参数的反复调节，使系统具有较满意的动态响应和较高的控制精度。

任务总结

根据表 4—4 完成任务报告。

表 4—4 任务报告

任务					
姓名		单位		日期	
理论知识					
实训过程					
实训总结					
实训评价	实训准备工作	提前进入工位，准备好资料和工具；爱护实训环境和实训设备，保持环境整洁		20 分	
	实训项目实施	掌握实训任务的理论知识，在规定的时间内完成实训任务；工作步骤清晰；能解决在实训过程中出现的问题；在实训过程中能很好地进行团队合作		60 分	
	实训总结	叙述理论基础，总结实训步骤，记录实训结果，对实训进行总结		20 分	
				总成绩	
				实训教师	

任务三　流量和液位前馈—反馈控制系统

任务目标

1. 学习前馈—反馈控制的原理。
2. 了解前馈—反馈控制的特点。
3. 掌握前馈—反馈控制系统的设计。

实训设备

A3000-FS 常规现场系统，任意控制系统。

相关知识

1. 控制原理

前馈控制又称扰动补偿，它与反馈调节原理完全不同，是按照引起被调参数变化的干扰大小进行调节的。在这种调节系统中要直接测量负载干扰量的变化，当干扰刚刚出现而能测出时，调节器就能发出调节信号，使调节量做相应的变化，使两者抵消于被调量发生偏差之前。因此，前馈调节对干扰的克服比反馈调节快。但是前馈控制是开环控制，其控制效果需要通过反馈加以检验。前馈控制器在测出扰动后，按过程的某种物质或能量平衡条件计算出校正值。如果没有反馈控制，则这种校正作用只能在稳态下补偿扰动作用。

前馈—反馈控制系统原理如图 4—10 所示。设法保持下水箱液位，使用两个水泵注水。

如果支路 1 出现扰动，经过流量计测量后，测量得到干扰的大小，然后在支路 2 通过加法器调整调节阀开度直接进行补偿，而不需要经过 PI 调节器。

如果没有反馈，就是开环控制，这个控制是有余差的。增加反馈通道，使用 PI 进行控制。

前馈控制不考虑控制通道与对象通道延迟，则根据物料平衡关系，简单的前馈控制方程为：

$$G_B(s) = -\frac{G_f(s)}{G_o(s)} = -K_B$$

式中 $G_B(s)$ 为前馈补偿器，$G_f(s)$ 为干扰通道的传递函数，$G_o(s)$ 为被控对象，K_B 为静态前馈系数。

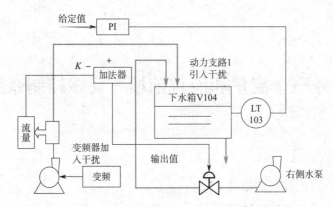

图 4—10　前馈—反馈控制系统原理

采用闭环整定法得到：$K_B = \dfrac{P_1 - P_0}{Q_1 - Q_0}$

当被控量等于给定值时，记录相应的扰动量 Q_0 和调节器输出 P_0，人为地改变干扰 Q_1，待系统进入稳态，且被控制量等于给定值时，记录此时调节器的输出 P_1。

也就是两个流量的和保持稳定。但是有两个条件，一是准确知道支路 1 的流量，二是准确知道调节阀开度与流量的对应关系 K_1，如图 4—11 所示。

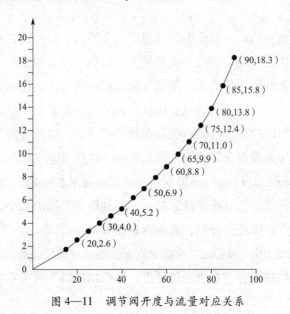

图 4—11　调节阀开度与流量对应关系

2. 实验方案

将支路 2 的流量作为前馈信号，控制目标是下水箱液位。

首先实现前馈控制，通过测量支路 1、2 的流量控制调节阀，使支路 2 流量的变化跟踪支路 1 流量的变化；然后实现反馈控制，通过测量水箱液位控制调节阀，最后达到减小或消除偏差的目的。

3. 流量和液位前馈—反馈控制系统接线

流量和液位前馈—反馈控制系统接线见表4—5。

表4—5   流量和液位前馈—反馈控制系统接线

测量或控制量	测量或控制量标号	使用控制器端口
涡轮流量计	FT101	AI0
下水箱液位	LT103	AI1
电磁流量计	FT102	AI2
调节阀	FV101	AO0

说明：电磁流量计可为涡轮流量计。

4. 参考结果

在前馈—反馈控制下的加法器系数 K 取不同值时的控制曲线如图4—12~图4—15所示。

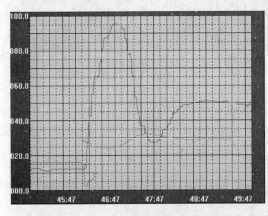

图4—12 $K=0$ 时前馈—反馈控制曲线

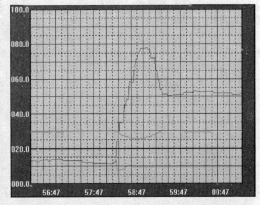

图4—13 $K=1$ 时前馈—反馈控制曲线

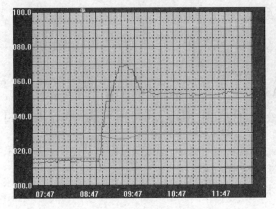

图4—14 $K=2$ 时前馈—反馈控制曲线

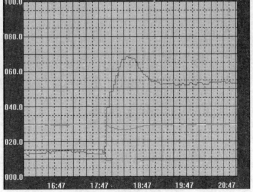

图4—15 $K=3$ 时前馈—反馈控制曲线

任务要求

1. 设计前馈—反馈控制系统。

2. 经过参数调整，获得最佳的控制效果，并通过干扰来验证。

任务实施

1. 进行上位机设计。参考项目一中上位机设计方法组态上位机程序，如图 4—16 所示。

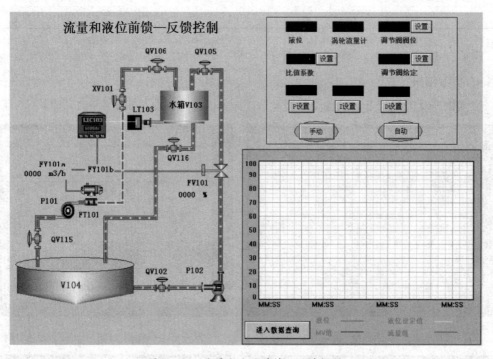

图 4—16　流量和液位前馈—反馈控制

2. 在 A3000-FS 上，打开手动调节阀 QV115、QV106，电磁阀 XV101，阀 QV102、QV105，其余阀门关闭。

3. 按照测量与控制列表进行连线。在 A3000-CS 上，电磁流量计输出端连接到 AI2，涡轮流量计输出端连接到 AI0，下水箱液位连接到 AI1，AO0 连接到电动调节阀（FV101）。

4. 打开 A3000 电源。

5. 在 A3000-FS 上启动左侧水泵和右侧水泵。左侧水泵用变频器控制。

6. 首先测量调节阀开度与流量的关系。给出不同的开度电流，观察电磁流量计的数值。

7. 计算关系函数，加入控制软件中。

8. 开始前馈—反馈控制。启动上位机，设置控制器参数，设置前馈系数，记录其实时曲线。

9. 通过变频器改变左侧支路水流量，观察并记录控制曲线的变化。

10. 反复执行步骤8，并修正 K 值，将其同调节阀开度与流量对应关系 K_1 进行比较，得出最佳参数 K。

任务总结

根据表4—6完成任务报告。

表4—6 　　　　　　　　　　　任务报告

任务						
姓名		单位			日期	
理论知识						
实训过程						
实训总结						
实训评价	实训准备工作	提前进入工位，准备好资料和工具；爱护实训环境和实训设备，保持环境整洁		20分		
	实训项目实施	掌握实训任务的理论知识，在规定的时间内完成实训任务；工作步骤清晰；能解决在实训过程中出现的问题；在实训过程中能很好地进行团队合作		60分		
	实训总结	叙述理论基础，总结实训步骤，记录实训结果，对实训进行总结		20分		
				总成绩		
				实训教师		

任务四　管道压力和流量解耦控制系统

任务目标

1. 学习解耦控制的原理。

2. 了解解耦控制的特点。

3. 掌握解耦控制系统的设计。

实训设备

A3000-FS 现场系统，任意控制系统。

相关知识

一种方法是使用换热器进行解耦控制系统实验；另一种方法是使用压力和流量进行解耦实验，要求控制器响应速度很快，所以不能使用 ADAM4000 模块来做。

1. 控制结构

管道中压力与流量控制系统就是相互耦合的系统。控制阀 1 和 2 对系统压力的影响程度同样强烈，对流量的影响程度也相同。因此，当压力偏低而开大控制阀 2 时，流量也将增大，此时通过流量控制器作用而关小阀 1，结果又使管路的压力上升，阀 1 和 2 互相影响着，这是一个典型的关联系统。关联的

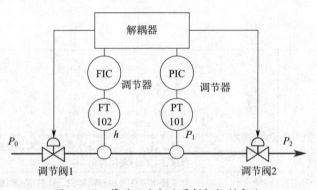

图 4—17　管道压力与流量解耦控制实验

系数与温度等参数无关，具有一致性。管道压力与流量解耦控制如图 4—17 所示。

2. 任务方案

被调量为调节阀 1、2 的开度，控制目标是管道中流量和压力。如果使用两个独立的调节器来控制，难以得到好的效果，但是可以与解耦后的效果进行比较。

由于调节阀不是线性的，整个系统的准确数学模型难以得到。因此只针对小范围变化、

静态条件下进行解耦，脱离这个条件可能效果不是很好，但是应该比不解耦的要好。

对于调节阀，流量、压力的关系为：

$$h^2 = \mu_1(p_0 - p_1) = \mu_2(p_1 - p_2)$$

式中 h 是流量，p_0 是关闭各出水口阀门后的压力值，p_1 是系统中 PT101 压力变送器测量值，p_2 是电动调节阀的出口压力值，μ_1 是与变频器输出度和介质密度有关的参数，μ_2 是与调节阀输出和介质密度有关的参数。

相对增益矩阵如下：

$$\begin{bmatrix} h^2 \\ p_1 \end{bmatrix} = \begin{bmatrix} \dfrac{p_0 - p_1}{p_0 - p_2} & \dfrac{p_1 - p_2}{p_0 - p_2} \\[3mm] \dfrac{p_1 - p_2}{p_0 - p_2} & \dfrac{p_0 - p_1}{p_0 - p_2} \end{bmatrix} \begin{bmatrix} \mu_1 \\ \mu_2 \end{bmatrix} \tag{4—1}$$

固定 p_1 小范围内变化。由于不涉及温度等问题，因此该过程基本上只与压力和开度有关。

$p_0 = 12.4$ m 水柱，$p_2 = 0.9$ m 水柱。如果 $p_1 = 5$ m 水柱左右，系统耦合非常严重，需要解耦。

如果控制目标的 p_1 定义在 5.75 m 水柱（10 mA），那么增益矩阵为：

$$\begin{bmatrix} 0.58 & 0.42 \\ 0.42 & 0.58 \end{bmatrix}$$

此时是一个耦合的严重系统。

如果把 p_1 定义成未知数，则可以列出一个方程，使用对角矩阵法进行解耦算法。

3. 控制策略

使用对角矩阵法进行解耦算法。解耦控制系统框图如图 4—18 所示。

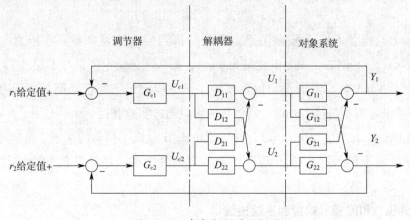

图 4—18　解耦控制系统框图

对于对象，被调量与调节量具有式（4—1）的对应关系，这里换一个变量符号。

$$\begin{bmatrix} Y_1 \\ Y_2 \end{bmatrix} = \begin{bmatrix} G_{11} & G_{12} \\ G_{21} & G_{22} \end{bmatrix} \begin{bmatrix} U_1 \\ U_2 \end{bmatrix} \tag{4—2}$$

加入控制系统，那么调节量来源于解耦器，调节器（可以是一个 PID 调节器等）输出就是解耦器输入。

$$\begin{bmatrix} U_1 \\ U_2 \end{bmatrix} = \begin{bmatrix} D_{11} & D_{12} \\ D_{21} & D_{22} \end{bmatrix} \begin{bmatrix} U_{C1} \\ U_{C2} \end{bmatrix} \tag{4—3}$$

综合上面的关系，如果 G 矩阵的逆存在，则可以设计 D 就等于它的逆乘以一个对角阵（可以是单位矩阵），这样可以使一个被调节量仅与一个调节器输出量之间有关系，而与另一个独立，从而达到解耦目的。

由于变频器是等效调节阀，有一个等效的关系 $\mu = 4I/3 - 20/3$（要大于 8 mA）。按照前面的实验设置，可以使用调节阀控制流量，以便进行比较。

在交换 U_1、U_2 位置后，p_1 设为未知数 x。

那么增益矩阵为：

$$\begin{bmatrix} \dfrac{x - 0.9}{11.5} & \dfrac{12.4 - x}{11.5} \\ \dfrac{12.4 - x}{11.5} & \dfrac{x - 0.9}{11.5} \end{bmatrix}$$

解耦矩阵为：

$$\begin{bmatrix} \dfrac{x - 0.9}{2x - 13.3} & \dfrac{x - 12.4}{2x - 13.3} \\ \dfrac{12.4 - x}{2x - 13.3} & \dfrac{x - 0.9}{2x - 13.3} \end{bmatrix}$$

注意压力与流量有一个限制关系。从测量得到的电流量来看，在压力电流量小于 8 mA 时，$F < 1.5\,p$。例如，压力电流量为 8 mA，那么流量设定值最好不超过 12 mA。在压力电流量大于 8 mA 时，流量设定值就变小了，不能超过一定值。例如，压力电流量为 10 mA，流量设定值不超过 12 mA，具体数据可以通过实验获得。

通过解耦矩阵，流量和压力与 PID 控制器的输出就成了简单的关系，解耦器的输出就是矩阵运算的输出值，这个输出是线性调节阀条件下的，所以开度的电流控制量需要计算。

4. 管道压力和流量解耦控制系统接线

管道压力和流量解耦控制系统接线见表4—7。

表4—7　　　　　　　　　　　　管道压力和流量解耦控制系统接线

测量或控制量	测量或控制量标号	使用控制器端口
压力	PT101	AI0
变频器	TD101	AO1
流量	FT102	AI1
调节阀	FV101	AO0

任务要求

1. 设计解耦控制系统。
2. 经过参数调整，使系统可以稳定控制。

任务实施

1. 进行上位机设计。参考项目一中上位机设计方法组态上位机程序，如图4—19所示。

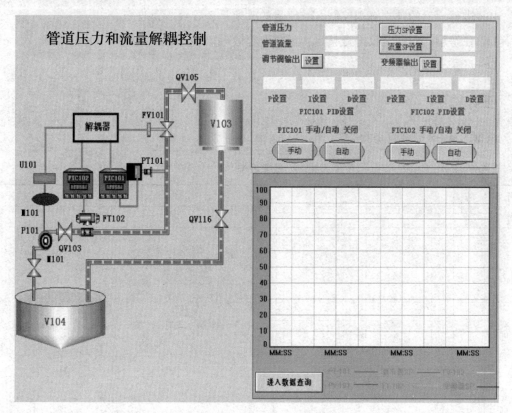

图4—19　管道压力和流量解耦控制

2. 在 A3000-FS 上，打开手动调节阀 QV102、QV105，调节下水箱闸板开度，其余阀门关闭。

3. 切换变频器到右侧水泵。注意一定要关闭全部水泵后，才能切换或开关变频器。

4. 按照测量与控制列表进行连线。将水泵出口压力连接到 AI0，电磁流量计输出连接到 AI1，AO1 连接到电动调节阀，AO0 连接到变频器。

5. 打开 A3000 电源，调节阀通电，变频器通电。

6. 在 A3000-FS 上启动右侧水泵。打开调节阀，使其具有一定开度，经过一定时间给电磁流量计通电。

7. 打开变频器以及调节阀，测量流量与压力。多测一些数据，然后计算出 G 矩阵的各数据，通过求逆运算，计算 D 矩阵。

8. 把 D 矩阵系数写入组态软件。

9. 进行压力调节。改变压力调节器给定值，记录控制曲线。观察流量是否改变及改变量的大小。

10. 进行流量的独立解耦控制，看流量的改变是否导致压力改变。

11. 在解耦后对调节仪进行整定，观察整定效果。

12. 记录全部数据。

任务总结

根据表 4—8 完成任务报告。

表 4—8   任务报告

任务					
姓名		单位		日期	
理论知识					
实训过程					
实训总结					

实训评价	实训准备工作	提前进入工位，准备好资料和工具；爱护实训环境和实训设备，保持环境整洁	20 分	
	实训项目实施	掌握实训任务的理论知识，在规定的时间内完成实训任务；工作步骤清晰；能解决在实训过程中出现的问题；在实训过程中能很好地进行团队合作	60 分	
	实训总结	叙述理论基础，总结实训步骤，记录实训结果，对实训进行总结	20 分	
			总成绩	
			实训教师	

参考文献

[1] 蔡培力. 热过程控制系统 [M]. 北京：冶金工业出版社，2016.

[2] 张益. 过程控制技术及实训 [M]. 北京：化学工业出版社，2017.

[3] 姜秀英. 过程控制系统实训 [M]. 2 版. 北京：化学工业出版社，2013.

[4] 石腊梅. 过程装备与控制工程专业实验教程 [M]. 北京：化学工业出版社，2016.

[5] 张国勤，肖红征. 自动检测及过程控制实验实训指导 [M]. 北京：冶金工业出版社，2015.

[6] 查文炜，曹卫. 过程装备与控制工程综合实验指导 [M]. 镇江：江苏大学出版社，2015.

[7] 戴凌汉，金广林，钱才富. 过程装备与控制工程专业实验教程 [M]. 北京：化学工业出版社，2012.

[8] 李国勇. 过程控制实验教程 [M]. 北京：清华大学出版社，2011.

[9] 潘永湘，杨延西，赵跃. 过程控制与自动化仪表 [M]. 2 版. 北京：机械工业出版社，2007.

[10] 高志宏. 过程控制与自动化仪表 [M]. 北京：中国铁道出版社，2015.

[11] 朱振华，姜吉光. 过程装备与控制工程专业实验 [M]. 北京：北京理工大学出版社，2012.

[12] 蔡培力. 热工过程控制系统实验教程 [M]. 北京：冶金工业出版社，2016.

[13] 徐兵. 工业过程控制技术实践教程 [M]. 西安：西安电子科技出版社，2013.